技術者が参考にすべき

機械設計者の楽しい人生

著者

長谷川　和三

はじめに

　機械設計者は日本の社会にとって、非常に重要な存在であると思う。

　その設計者は如何に楽しく人生を過ごすべきか?

　当方は70歳を過ぎて、過去の人生を振り返って、約2年間月刊誌「油空圧技術」に記事「機械設計の楽しい人生」を連載した。この本はこの記事を集約したものである。

　当方は工学部機械科を卒業し、機械メーカーに入社したが、当時（50年前）の日本は技術後進国で、最先端の技術をもつ米国の技術を学ぶ機会を与えられて、学んだ。その後、日本の市場に新しい要求（公害対策基本法1967年、省エネ法1979年）が発生し、その対応策を研究し楽しく学んだ。この市場の要求が新しい技術を学ぶ機会を当方に与え、開発や発明に関心を持ち、その後、設計の課長になった時、本格的な開発を始め、発明が大好きな、特許マニアになり、人生を十分楽しんだ。

　つまり、時代の変化の中で、社会が要求する新しい課題に対応することを楽しんだのだ。当方の発想の仕方を報告するので、その楽しみ方を参考にしてもらいたい。

　サラリーマンの中には、新しいことに関心がなく、ルーチンワークで毎日過ごすことが好きな人が大勢いる。それも社会にとって必要な人材だが、当方は新しいことが大好きな性格で、ルーチンワークの中から、新しいアイデアを見つけることや、一般の人と違った見方をすることによって、新しいテーマをみつけ、人生を楽しむことを報告させていただきたい。　それが、この記事の主題で、読者が、発見、発明、合理化、コストダウン等、新しい将来を見つけて成果を上げることが出来る助けになると思う。

　読者はこの本を読みながら、読者にとって役立つキーワードをノートに記録して下さい。

　トヨタの工場での省エネの紹介も記載したが、省エネだけでなく、世界で注目されているトヨタ文化もご確認していただきたい。また、中国については、日本にとって重要な経済大国の中国対する当方の見方は、日米のジャーナリストとはかなり違うが、是非参考にしてもらいたい。当方は中国の駐在経験があり、また東洋大学で永年中国文化の研究を楽しんでいる。

　なお、中国周辺国（韓国、台湾、ベトナム）の記事は、月刊誌「中国文化入門」に記載した記事である。

目　　次

1. 技術習得から自力開発の歴史
1-1　40〜50年前欧米の技術習得

はじめに

　当方は大学時代、工学部機械科でディーゼルエンジンの燃料の２重噴射を研究していたので、当時舶用の大型ディーゼルエンジンを製造していたIHIに入社した。しかし、エンジンとは関係ない汎用空気圧縮機の設計部に配属された。当時（1968年）の日本の製造業の技術は欧米よりかなり遅れており、日本の機械メーカーは、欧米の一流のメーカーの技術を導入していた。例えば、1960年代の乗用車の分野ではトヨタ以外は、日産が英国オースチン、いすゞは英国ヒルマン、日野は仏国ルノー等の主力メーカーは全て欧州のブランド品を製造していた。例えば、日産の車は当時使用ボルトがミリでなく、インチだった。ただ造船分野だけは、製造技術も生産量も世界一であった。　当方が担当した仕事も、ドイツやアメリカの技提品の図面や資料を日本語に翻訳することであった。当方は、当時ドイツやアメリカに留学することを夢見て、仕事を終えた後、ドイツ語会話学校や英会話学校に通っていた。

　当時の欧米の技術導入で学んだ内容、自力開発へ切り替えの道、新しいテーマの発見と発明や、市場の変化への対応など、当方の経験を報告することによって、現役の設計者が、技術習得の方法、その楽しみ方、達成感の味わい方、等を知って、より楽しく仕事ができるように、参考になるヒントを提示したい。

当時（1968-1978 年）の最先端の欧米技術の習得

（1）　米国の標準化技術

　米国の当時の最高技術文化である標準化技術の説明をしたい。

　自動車の発明はドイツのダイムラー（1870年）であったが、標準化及び量産化技術がないので、価額が高くて売れなかった。しかし、アメリカのフォードが標準化と量産化（ベルトコンベアーによる流れ作業）に成功（1907年）して、自動車が安価になり庶民に普及した。　当方の専門の増速歯車内蔵型遠心圧縮機も自動車と同様に、ドイツのデマーグが発明した。遠心多段圧縮機は体積流量の多い低圧段は低速で運転し、体積流量の少ない高圧段は高速で運転しないと、最適効率で設計できないので、低速軸と高速軸の両方を用意した増速

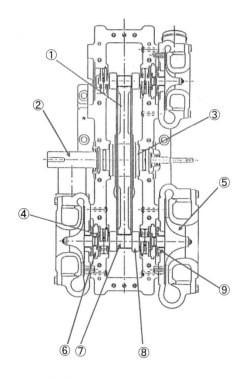

① ブルギヤ
② 入力軸
③ スラスト軸受
④ ピニオン軸受
⑤ インペラ
⑥ オイルシール
⑦ ピニオン
⑧ スラストカラー
⑨ エアシール

第1図　圧縮機組立断面図

歯車内蔵型が従来の一軸式より高効率を達成する構造である（第1図）。

　ドイツではコストが高くて普及しなかったデマーグ式のターボ圧縮機を標準化して、普及させたのは、フォードと同様にアメリカのJOYという会社である。当方が技術習得したJOY社の遠心圧縮機の部品の最少化や標準化思想等の内容を解説する。

（2）　標準化の内容

　① 　パッケージ化（一体化技術）
　コストを下げるには、できるだけ製造工場で組み立て、現地での組み立て作業を減らすことだ。一戸建ての家屋を作るのに、昔は現場では材木を切ったり、削ったり、釘をうったりしていたが、現在はすべてユニットにして現場では組み立てるだけにしている。これと同じで、圧縮機も全て工場でユニットを組立て、現地の組み立て作業をなくしている。現場の作業は工場の作業に比べて、4～5倍のコストが発生する。

　小型のスクリュウー圧縮機分野ではパッケージ化は当然だが、JOYは1,000kWクラスでも、早くからこの思想でコスト削減に成功したのだ。

　当方がJOY から入手した図面では、インタークーラやオイルユニットおよびオイルタンク、駆動電動機は一体化されていた（第2図）。

　圧縮機本体の下にオイルタンク、前にオイルユニット、圧縮機の両側にインタークーラが配置されている。実はドイツ製は一体化されず、これらが全て現地で組み立てられていた。

　ただし、2,000kW以上になるとパッケージ化しても大きすぎてトラックに搭載できないので、現在でも電動機はパッケージ化できない。

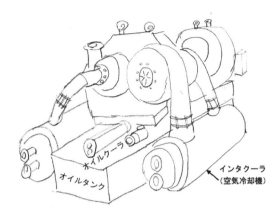

第2図　圧縮機本体とオイルタンク

　当方はJOYのパッケージ化の技術を学び、且つ更に進化させた。　JOYでは吸入フイルタとアフタクーラや放風サイレンサは別置きであったが、当方は国産3号機からこれらも一体化して、更なるコストダウンに成功した。

　つまり、JOYの技術を学んで、更にそれを進化さることが改善や発明のヒントになるということだ（写真1）。

②　インペラー

　当時は米国も日本もインペラーの加工技術は非常に低く、外径100mmの羽根を加工するには100時間以上かかった。従って標準化された安価なステンレスの精密鋳造を使用した。お客の要求流量と吐出圧力に合わせて、鋳物のイン

写真1　TA形ターボ圧縮機

ペラーの入口寸法と外径を決め加工した。

　標準化の方法として、350kWから1,300kWのターボ圧縮機を大、中、小の3機種に分類して、大の3段目のインペラーを、中の2段と、小の1段に使用し、大の2段のインペラーを、中の1段に使用することによって、また中の3段のインペラーを、小の2段に、使用することによって、3機種で通常9種類のインペラーの鋳物の型が必要なところを5種類ですませている。

　流体設計の基礎知識が何もなくても、JOYの計算ソフトで性能計算ができて、インペラーの寸法やディフューザの寸法が決められた。そして、性能とは何か、改善するにはどうすべきかを少しずつ学ぶことができた。

　インペラーとは空気に運動エネルギーを与える羽根で、ディフューザとは運動エネルギーを減速して圧力エネルギーに変換するもの（写真2）である。

写真2　　鋳物のインペラー

　尚、精密鋳造という名称を使用しているが、実際にはターボ機械が要求するレベルの精密度はなく、同じ仕様の圧縮機を製造しても、吐出流量はかなりバラツキが出た。インペラーの入口羽根の傾き精度の差が影響したと思う。当時流量バラツキを調整する為、ディフューザの高さを調整したりして苦労した。

　尚、現在は5軸のインペラー加工機は超高速加工ができるようになり、コストが激減し、鋳造インペラーを使用する必要性が無くなった。自動車のターボチャージャーのインペラーは大量生産だが、昔はアルミのダイキャストであったが、現在は加工製造に変わっている。

　③　歯車

　1,000kWクラスのターボ圧縮機では、一段と二段のインペラーのスピードは

約20,000min-1で、３段のインペラーが30,000min-1とし、ブルギヤの外形や歯数は一定で一種類に標準化し、吐出圧力に応じて回転数を変える為、ピニオンの歯数を２〜３種類選択できるように標準化されていた。以上に様に、お客の要望（流量と吐出圧力）に合わせて、鋳物のインペラーを加工し、ピニオンの選択ができる標準化がされていた。スーパーマーケットで、標準化された背広を、身体の寸法を測って調整注文するのと同じ方式である。

④　溶接構造の歯車箱を鋳物化

コストは部品点数にほぼ比例している。部品の数に比例して加工部分が多くなり加工コストが増加するからだ。つまり部品点数を減らすことがコスト削減に直結する。

JOYは当初溶接構造の歯車箱だったが、これを鋳物化し、その後インタークーラの容器を歯車箱と一体鋳物にし、その後渦巻室の一部もこの鋳物に一体化している。空気配管の一部もこの鋳物に一体化されている。この鋳物一体化方法の採用により製造コストは激減化した（第３図）。

⑤　その他の重要部品

インタークーラは管内水で清掃し易く、空気は管外で空気の圧力損失が小さく、高効率を維持できている。

第４図はインタークーラのチューブネスト。空気がプレートフィンを通り、

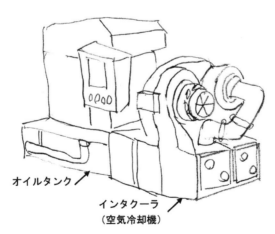

第３図
圧縮機本体の下部がインタークーラの鋳物で歯車
箱下部や渦巻室と一体鋳物

冷却水がチューブの中を通る構造。空気の流速が遅いので損失が小さく、チューブの水の汚れは掃除棒で簡単に清掃できる構造。

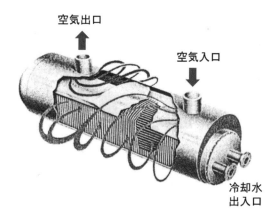

第4図　インタークーラ

　コストを中心に報告してきたが、JOYの技術の特徴は、重要部品である高速軸受に滑り軸受であるティルティングパッド方式を使用して、負荷の変動に対して非常に安定した運転ができるのが特徴である。その軸受パッドのメタルの厚さは非常に薄く、寿命は半永久である。

　当時の別のアメリカのターボ圧縮機メーカーはコスト優先で負荷変動に対応できない軸受や圧力損失の大きい小型のインタークーラを使用して、日本市場に入ったが、品質の低さで、日本の客から拒否され、日本に導入後2～3年で

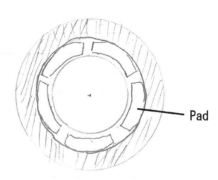

Tilting Pad Bearing

第5図　ティルティングパッド軸受

日本からいなくなった。品質を下げてのコスト削減は日本市場では受け入れられない。高性能と信頼性の高さが市場に評価され、当時JOYタイプのターボ圧縮機は日本の市場をほぼ独占することができた。

なおJOY社のターボ圧縮機部門はGardener Denverに売られ、その後 Cooperに買い取られ、最近 Ingersoll Randに買い取られ、製造工場はニューヨーク州バッハロー市から中国に移転した。つまり現在は中国の市場が世界で一番大きいということだ。技術部門は未だバッハロー市にある。バッハロー市はナイヤガラの滝の近くで、当方は何度も訪問している。

おわりに

入社したての若い技術者は、まず既存の技術を学ぶところから始まる。幸運にも自分の場合は、当時日本にはない、アメリカの高い技術を学ぶことができた。客の仕様に合わせながら、品質を維持しながら、標準化しコストを下げる考え方を学んだ。

先日、TVで北斎の人生を見るチャンスがあった。彼は若い時、狩野派、琳派、土佐派、中国絵画を学び、また西洋画で遠近法を学んでいる。彼の構想は模倣から始まっている。彼の特徴のある版画は、独創ではなく若くして学んだ技術をベースにしているのだ。このTVを見るまでは、私は彼の独創と勘違いしていた。北斎と同様、我々技術者もまずは基本技術を学ぶことから始めなくてはいけない。

第6図の版画は当時の日本絵画にない西洋の遠近法を使用している。

第6図

＜参考文献＞
(1) 長谷川和三：「汎用ターボ圧縮機の特長」、石川島播磨技報、第32巻　第6号

1. 技術習得から自力開発の歴史
1-2 日本の圧縮機市場の歴史とその対応技術

はじめに

　前回若い時に米国の技術を学んだことを説明したが、今回は日本の市場要求に合わせた技術開発への歴史を紹介する。

高度成長期（1970 年代）は騒音対策

　日本の高度成長期は、1967年に公害対策基本法が発布され、1970年代の製造工場は公害対策が重要課題であった。ユーザーの圧縮機の担当は工場の管理者ゆえ、当然公害対策の責任者であった。当時の重要課題が公害対策故、項目は空気汚染対策、水汚染対策、騒音対策ゆえ、メーカーの対応窓口はその三つの知識を知っていないと、ユーザーとうまく交流できない。従って、圧縮機は空気汚染対策、水汚染対策に関係なくても、基礎知識は必要故、当時すべての公害防止管理者の国家試験を受験した。

　空気圧縮機は騒音発生源で騒音対策が重要項目であったが、自分の配属された事業部には騒音の専門家はいないので、社内の研究所の専門家を訪問して教えてもらった。技術内容は消音、遮音、吸音、距離減衰の四つで、一生懸命学び直ぐ専門家になることができた。

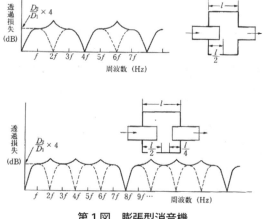

第1図　膨張型消音機

（1） サイレンサー（消音器）

　当方は新型サイレンサーを数多く開発した。吸入サイレンサー、吐出サイレンサー、放風サイレンサーの３種類あって、それぞれ違うし、また圧縮機の形式によって、対応する騒音の周波数が違うので設計方法が随分異なる。要点を簡単に説明すると下記である。

①　レシプロ（往復動）型圧縮機

　回転数が低いので、音の周波数が低く、吸音効率が悪いので、吐出も吸入も膨張型が基本。

　当時は圧縮機の吸入口に吸入サイレンサーと吸入フイルターを使用していたが、当方は吸入フイルターの中にサイレンサーの機能を組み込み、一体にする構造を発明し、合計寸法と合計コストを半分以下にした。当時レシプロ圧縮機が会社の主力商品で、重要テーマとして扱われ、会社から表彰された記憶がある。

　汎用機種でWN114K（400 ～ 500kW）という４気筒２段圧縮のレシプロ式の大型圧縮機が必要な自動車工場では、高品質で高効率ゆえ大人気であった。しかし、吸入口から騒音計では測定できない超低周波音（20Hz以下）が発生した。低周波故、遠方まで伝搬し、当時民家の窓ガラスや仏壇の位牌を振動させるという公害を発生させた。当方は研究所の技術者と超低周波音を測定できる特別な騒音計を持参して、深夜民家の周辺の超低周波音を測定した。対策としては、吸入室に超低周波音を干渉型構造で消音する装置を新設し、解決した。

　20Hz以下の超低周波音は、一般の騒音計で測定できず、原因を見つけることができないことが解決を難しくしている。300Hz以下の低周波音の消音や

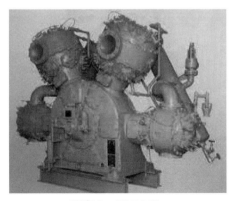

写真1　WN114K

吸音は難しいので、現在は、音で音を消すANC騒音制御システム（アクテイブ騒音制御）が開発されている。

② スクリュウ型圧縮機（無給油式）

ロータの歯数×回転数で人間が一番耳障りな周波数1,000 ～ 3,000Hzになってしまい、40 ～ 50年前の対策は吸音材を使用した吸音ダクト型の吸入及び吐出サイレンサーを使用していた。当方は当時ドイツの技術提携品を担当していたので、ドイツ語の図面を日本語に訳して、サイレンサーを国産化した。

しかし、現在はサイレンサーを使用していない。空気冷却器で消音し、防音カバーに閉じ込めて低騒音化をしている。アンロード時に圧縮空気を大気に放風するので、放風サイレンサーが必要である。

第2図　吸音ダクト型消音機

第3図にあるようにブラストサプレッサーが低周波音を高周波に変換することによって、吸音効率が飛躍的に向上する。当方も数多くの放風サイレンサーを開発した。吸音材のグラスウールの飛散を防止する為、グラスウールをパンチドメタルで覆うのであるが、パンチドメタルの穴にはエッジがあるので、エッジがグラスウールに直接触れないようにスペースをとるため金網を使用した。当時経験の少ない若者でも勉強すれば開発可能で、試作しテストで成果を調べる仕事は大変楽しかった。上司も若者の私にすべてを任せてくれた。

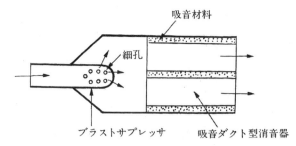

第3図　ブラストサプレッサー使用の吸音型サイレンサー

③ ターボ型圧縮機

一段のインペラーは翼の枚数×回転数が5,000Hzを超え、発生音はケーシングの振動音がメインであった。通常専用の吸入サイレンサーは使用せず、吸入側は吸入フイルターのケーシングの内面に吸音材を貼る程度で85dB以下になった。吐出側は8,000Hzを超えていて、空気の振動音はアフタクーラーで流速が減速する時に消えてしまう。従って吐出サイレンサーは必要ない。

しかし、最近は流体性能の向上の目的で、翼の寸法が変わり、半羽根と長羽根という大きさの違う羽根を交互に配置するようになったり、羽根の合計枚数が減って翼の枚数×回転数が8,000Hz以下になっているので、騒音が可聴域に入ってしまった。しかし、音圧レベルはスクリュウほど高くないので、専用のサイレンサーは使用されていない。

尚、アンロート時の放風音はスクリュウ圧縮機と同様に放風サイレンサー使用している。

(2) 防音カバー（遮音）

機械の表面から出る騒音はカバーで覆うことよる遮音が騒音対策になる。カバーの鉄板の厚みで遮音量が決まる。カバーは音源と接触させずスペースを設け、内側に吸音材を貼る。カバーの中にモータ等の電気製品があると換気が必要になる。空冷式の圧縮機の場合は換気量が非常に多くなる。

当時、JOY（米国）のターボ圧縮機のケーシングや配管の肉厚は１インチ（25.4mm）で非常に厚く、遮音効果がある。配管に遮音の為のラギングするよりもトータルコストが安価であった。

(3) 配置場所（距離減衰）第５図

圧縮機を屋外で工場の境界線に近くに設置すると、距離減衰機能が利用できない。

工場と工場の中間に圧縮機を設置するのが、境界線までの距離が長くなり、工場で遮音もできるので望ましい。

省エネ法対応（1980年代）

公害対策が一段落すると、今度はオイルショックが契機となり、1979年に省エネ法が制定され、省エネがユーザーの要求になった。エネルギー管理士を工場に置くことが義務づけられた。当方はユーザーと技術交流能力が必要ゆえ、今度はエネルギー管理士の国家試験を受けた。

(1) インペラーの開発

ユーザーの省エネ要求を満たす為に、圧縮機の効率を向上させる必要があ

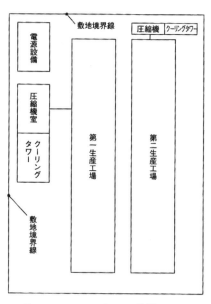

第4図　問題のある圧縮機の配置

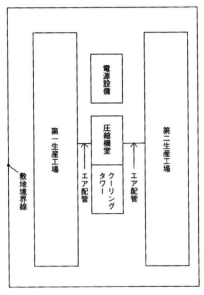

第5図　望ましい圧縮機の配置

り、技術提携先の米国のJOY社に高効率インペラーの新規開発を要求した。しかし、米国の産業用電気代は当時日本の1／3で、JOY社は効率に関心がなく、自分でやれと断わられた。

当時事業部にはインペラーの開発部門はなかったが、しかし研究所で、既に自動車のターボチャージャのインペラーの開発に莫大な研究費を使用していた。幸いにもこの技術を使用してインペラーの開発に着手することができた。つまり、日本の市場の電力代の異常な高さが、性能向上のきっかけになったのだ。

（2） 温水回収

通常、圧縮機の消費動力の95％は空気の加熱、残りの５％が機械損失で潤滑油の加熱となっている。理論式は下記の通りである。損失も全て熱になる。

$$理論動力 = R (T_1 - T_2) \times 1/(n-1) \qquad \cdots(1)$$

n ：ポリトロープ指数

R ：ガス定数

T_1：吸入温度

T_2：吐出温度

通常、このエネルギーのラジエイション以外は全て冷却水に捨てられている。そして、この冷却水のエネルギーは通常クーリングタワーで大気に捨てられる。

省エネ意欲№1のトヨタ自動車はこのエネルギーの温水を使用したいと提案してきた。当時はボイラの給水用が多かったが、クーラを改造して85℃の温水を回収できるようにして、吸収式ヒートポンプの熱源にすると冷凍機にも使用できるので一年中使用できた。トヨタが最初だが、他の自動車会社にも温水回収が普及した。上記の第6図が実施例である。

設備費がかかるので、圧縮機の大きさが500kW以上でないと投資回収が成立しない。日本ではターボ圧縮機の分野しか温水回収が実施されていないが、一方中国では300kW以下でも給油式スクリュウ分野では温水回収器の専門業者が存在して、温水回収が非常に多く普及している。主に温給水や風呂に使用されている。

尚、圧縮機の消費動力が全て熱エネルギーになってしまうと、圧縮された空気はエネルギーをもっていないのかと疑問に思う方もいると思います。実は圧縮空気は仕事して膨張すると、温度が下がります。仕事した分だけ空気温度が下がる。その原理を利用しているのが冷凍機である。

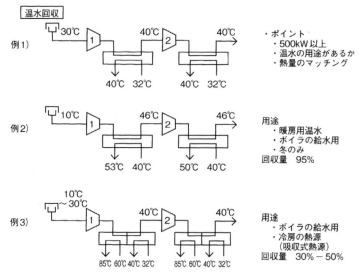

第6図　空気冷却器の温水回収フロー

おわりに

　開発のきっかけは、市場の変化である。つまりユーザーの新しい要求に、できるだけ早く飛びつき、その分野を学び、市場にない新しい商品の開発に着手することだ。当時は日本の市場動向に注意していれば良かったが、現在は最も大きい市場で、且つ政府が省エネ方針を出している中国の動向と変化にも注目していく必要がある。

　実は当方晩年中国駐在が永く、中国文化に関心があり、月刊誌「機械設計」に「中国文化入門」の記事を3年間（36回）連載し、それを編集して単行本「日本人が参考にすべき現代中国文化」を2019年7月に出版（日本僑報社）した。是非参考にして頂きたい。

　尚、圧縮機の省エネに関して詳しく知りたい方は、詳細は「製造現場の省エネ技術　エアコンプレッサ編」日刊工業新聞社　長谷川和三著を参照頂きたい。今回の記事もかなり、この本から流用している。

＜参考文献＞
(1) 中野有明：低騒音化技術、技術書院
(2) 長谷川和三：製造現場の省エネ技術、エアコンプレッサ編、日刊工業新聞社
(3) 長谷川和三：日本人が参考にすべき現代中国文化、日本僑報社

1．技術習得から自力開発の歴史
1-3　世界最小の小型ターボ圧縮機開発の切っ掛け

はじめに

　前回は日本の市場要求に合わせた技術開発への歴史を紹介したが、今回は自力開発の開始について説明する。

汎用ターボ圧縮機の小形化の歩み

　米国JOY社は汎用空気ターボ圧縮機の分野に、標準化の技術で入ることに成功したが、インペラーの高速回転化と価額競争力が課題で、300kW以下の市場に入るのは困難であった。下記が日本における汎用ターボ圧縮機の小形化の歴史である。

1971年：IHIJOY社（合弁会社）が360kW以上の汎用ターボ圧縮機販売開始

1987年：米国JOY社が中間冷却器一体鋳物の255kW以上の中型ターボ圧縮機を商品化し、IHIが技術導入し国内販売開始

1992年：IHIが200kW用のインペラーを自社開発して市場参入

1994年：IHIが国産独自技術で150kWの世界最小の小型ターボ圧縮機を開発し販売開始
　日刊工業新聞社の10大新製品賞に選ばれる
　ターボ機械協会優秀賞
　圧縮機工業会優秀賞
　IHI社長賞

1997年：IHIがインバータを使用した、ロータ回転数109,000rpmの75kWの開発し販売開始

　以上は吐出圧力0.7Mpa（7Bar）ベースのモータ出力ベースの表示である。信頼性が高く、高効率のターボ圧縮機は、市場からの需要が非常に高いが、小形化は回転数が高速になるので技術的に難度が高かった。

開発の切っ掛け

　当方ターボ圧縮機の設計の課長になる前は、米国JOY社の技術習得と、ユーザーの需要への対応が主な仕事で、内容は主に改良や改善や周辺機器の開

発であった。課長になった時、隣の部門（ドライスクリュウ）の原価表を偶然見る機会があり、200〜255kWクラスのドライスクリュウの原価（製造コスト）が自分の担当の汎用ターボより高いことを知って驚いた。汎用ターボの方が販売価額が高いので、当然製造原価（コスト）も上だと思っていた。200kWより下の小型ターボはコストが高いゆえ、その分野への進出は無理と思っていたのが、それが誤解であることを知ったのだ。そこで、世界の市場には存在しない150kWターボの開発を構想し始めた。

　第1図のイラストの通り、3段圧縮のターボの方が、2段圧縮のドラライスクリュより、キーハードの部品点数が少ないので製造原価も低いのだ。当然ターボは3段圧縮ゆえ、効率も2段圧縮のドライスクリュウより良い（消費動力が少ない）。

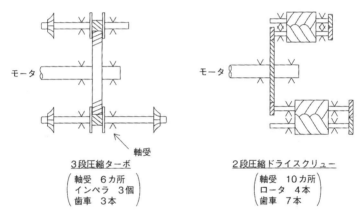

第1図　ターボ型とドライスクリュウの構造比較[1]

開発テーマの承認経緯

　当時、自分の所属する事業部には、開発部という部門があったが、欧米の技術を消化するだけで、本格的な開発の経験はなく、改善、改良だけしかしていなかった。自分の上司の部長達も全く開発の経験はなかった。課長以上の会議（事業検討会）で、当方は150kWのターボ開発を提案したが、部長達に、この事業部にそんな実力はないと拒否された。

　その後、当方は、営業で課長になる前の営業の若者のレポートを入手した。その内容は空気圧縮機事業の将来ついての論文であった。自分以外にも圧縮機の将来を考える若者がいたことに感動し、これを切っ掛けに若者を集め、

若者達に150kWのターボの開発を提案させることを思いついた。

　営業、設計、管理、サービス、品質の各部門の課長になる直前の若者を集め、圧縮機事業の5〜10年後の将来方針を提案する検討チームを立ち上げた。これを「レインボー作戦」と名付けた。

　まず、このチームに圧縮機の過去の歴史と現在の状況やターボとドライスクリュウのコストや性能比較等を講義し、圧縮機事業の将来については彼らに議論させた。実は、当時の一般の部長以上は自分の将来（定年後の仕事）を考えるが、5年先、10年先の事業や会社の将来について関心が薄い。一方、若者は自分の担当事業や会社の将来には非常に関心があるのだ。当方の想定通り、チームは検討結果として、世界にない150kWのターボ開発の提案してきた。

　この提案が、実施権限のある本部に承認されるか不安があったが、運よく、丁度そのタイミングで、本社の副社長が、新しい開発のテーマを探し始めたところで、偶然にもマッチングして、当方に新規開発提案依頼が来て、簡単に副社長の承認を得ることができた。

開発体制の構築

　開発能力のある技術者を、開発部に移し、自分はデザインコンセプトを作成した。　一方、自動車のターボチャージャ部門は、当時からIHIの主力商品で、大規模な開発をしていた。彼らの開発手順書を利用させてもらおうとしたが、しかし、それは存在しなかった。彼らは当時、ユーザーである自動車メーカーの指示に従って、開発しているだけであった。当方はしかたなく、デザインコンセプトを基に要求品質を明確にして、自分で品質確認の方法を明記した品質確認票を作成し、商品開発に最も重要な製品品質を確認する方法と手順を明確にした。

開発の課題の解決

　当時150kWクラスでオイルフリーの空気圧縮機市場を独占しているドライスクリュウのコストを大きく下まわる為には、中大型では効率重視で3段圧縮であるのを、今回はコスト重視て、部品点数を更に減らして2段圧縮にしなくてはならない。そうすると、一枚のインペラーの仕事量が増加させる為、周速を速くしなくてはならない。

　従来使用している材料のステンレスでは周速の強度が耐えられず、軽くて強度の高いチタン合金を使用する必要があるが、当時チタン合金の鋳物はないので、5軸加工が必要だが、当時日本には高速加工メーカーはなかった。

しかし、アメリカの流体の専門家との交流の中で、アメリカのターボカムという超高速加工機メーカーを紹介され、早速購入した。当時の日本製では50〜70時間かかっていたが、10時間以内で加工ができた。尚、現在は日本の工作機械メーカーでも高速で加工できる。

　ケーシングはオイルタンク、ギヤボックス、スクロール、空気配管、インタクーラ、アフタクーラを一体鋳物にして、部品点数を最少にし、鋳物の加工は精度維持の為、室内温度管理のできる空調室で無人加工にした。部品点数の最少化によって、有人の組み立て工数を最少化ができて、コストの大幅削減に成功した。

写真1　超高速5軸ミルによるインペラー加工[2]

写真2　加工したインペラー[2]

写真3　Tx150超小型汎用ターボコンプレッサ[2]

評価

　日刊工業新聞社の第37回（1994年）10大新製品賞に選ばれ、社長が大臣に表彰された。1995年2月1日の日刊工業新聞に記事として、開発メンバーと一緒に写真で掲載され、その記事には下記が記されている。

写真4　当時の掲載記事
（出典：日刊工業新聞1995年2月1日付）

> 若手レインボー計画チームが一年間議論、計画から開発、製品化まで三年余り。最初のコンセプトづくりに様々な職種の若手が参加したため「開発チームは一体感とモラールを継続でき、製品化後は工場も営業も自分たちで考えたものを自分たちで作り、売るという楽しさを感じながら仕事ができる」（水品課長説）。

　以上のように、若者が、自分たちが考えて、開発できた新機種に愛情を持てるようにできたのは大成功だと思う。この方法を読者の皆さんも是非参考にしていただきたい。

おわりに

　読者の中には、旧態依然の組織で、世の中に無いものを開発する発想とか、新しい市場への進出には関心が無く、現状維持の中で、夢もない環境にいる人も多いと思う。　しかし、若者は未来を考えるのだ。皆さんも社内の元気な若者の利用方法を、若者のレポートを読む等の例を参考にして、考えていただきたい。

＜参考文献＞
(1) 長谷川和三：「製造現場の省エネ技術　エアコンプレッサ編」、日刊工業新聞社
(2) 石川島播磨技報、第35巻第3号、平成7年5月

1. 技術習得から自力開発の歴史
1-4　75kWの超小型ターボ圧縮機の開発成功と高速モータの利用

はじめに

　前回は若者の組織一体となって、世界には無い小型の150kWのターボ圧縮機の自力開発の成功を説明したが、今回は更に小型のターボ開発の着想と高速モータの利用について報告したい。つまり市場に無い商品の開発の取り組み方を説明紹介する。

着想

　150KWのターボ圧縮機を開発し市場に出た（1994年）時期には、更に小型の75kWのクラスの無給式の分野はドライスクリュウが市場を独占していた。自社（IHI）の同型の競争力はなかった。

　現役時代、当方は土日の休日の午前中は頭を自由にして、日記を書いて頭を整理したり、本を読んだり、新しい事を考えたりしていた。そして午後からは子供達と遊んでいた。休日の午前中に、当時考えたテーマは、更に小型の圧縮機75kWの構想だった。当時のノートにはいっぱい検討記録が残っている。

（1）　２段増速歯車検討

　ターボ圧縮機で75kWを実現するには、２段のインペラーの効率を維持す

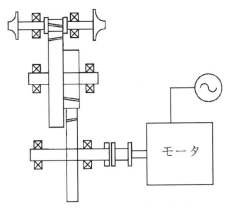

第１図　歯車２段増速の方式

る為に100,000rpm以上の回転数が必要で、歯車設計者に相談したら、従来の一段増速では無理で、２段増速しかできないという回答であった。

　２段増速では、ターボ式は部品点数の少なくて、コストがドライスクリュウより安価という特徴が生かせず、コストが安価ではなく、且つ機械損失も増加する為、長所がなく商品コンセプトとして成立しなかった（第１図）。

（2）　２段にスクリュウの使用を検討

　２段のインペラーが十分な効率を達成するには約100,000rpmの回転数が必要だが、２段をスクリュウにすれば、100,000rpmは不要で一段増速で成立する。１、２段ともスクリュウの既存機種より部品点数は少なく、コスト的にも成立する（第２図）。

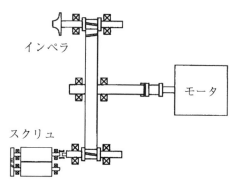

第２図　ターボ・スクリュハイブリッドの方式

　しかし、このアイデアは当方のスクリュウの古い先生で、ドイツのGHH社の技術のキーマンのコンカ氏が既に発明し、当時日本で特許が成立していた。所有権はGHH社。彼の出版した本にも詳細が記載してあった。従ってこの案は採用できなかった[2]。

（3）　インバータの採用

　ある日、中学高校大学の同級生で永い付き合いの友人の名古屋大学工学部電気科の綱島教授を訪問した。彼の趣味の電車の話になり、JRの山手線では既にインバータを使用していることを知った（インタネットで調べると、現在の山手線のモータ出力は140kW）。当時の当方の認識では、インバータは数kWまでしか普及していないと思っていたが、この話にびっくりして早速インバータの使用を検討し始めた。

　50/60Hzの電源をインバータで120Hzをつくり、２ポールのモータを7,200rpmで運転することによって、歯車の一段増速で約100,000rpmの回転数

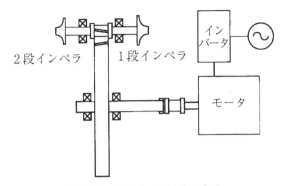

第3図　インバータ増速の方式

を得ることができた（第3図）。

　無事開発に成功し、1997年に75kWの109,000rpmの超小型ターボ圧縮機を市場に出すのに成功した（写真1）。

　当時、アメリカやシンガポールの国際展示会に出展したら、世界初の新商品ゆえ、大勢の人が集まった。

写真1　75kWターボ圧縮機

モータの高速化

　遠心式のインペラーは外径の周速が十分速くないと、仕事をしない、つまり圧力が出ない。小容量では入口の径が小さいので、周速を速くするには回転数を上げなければならない。その為、増速機が使用される。増速機には軸

受が使用され、歯車と軸受には潤滑油が使用される。潤滑油にはポンプと冷却器、タンクやフイルタが必要である。歯車が無く、軸受を空気軸受か磁気軸受にできれば、この潤滑油装置が不要になる。つまり、高速のモータが開発されると、従来機種より、部品点数が大幅に減り、コストが下がり、機械損失も減る。そうしたものが、欧州で発表され始めた。

（1）　ソリッド誘導モータ

フィンランドのヘルシンキ大学の教授が、誘導モータの積層板のロータを一体のソリッドにして、高速で運転することに成功した。誘導モータはロータに誘導電流が流れるので、ロータに電気損失が発生する、それを冷却するファンが使用されている。しかし高速のソリッドのロータだと、ロータの表面にしか電流が流れない。従ってロータの表面に銅をコーティングして電流のロスを少なくした構造が考えられた。また、モータのロータとステータのクリアランスを最適にすると、ロスが減らすことができる。これがヘルシンキ大学の先生の特許になっていたので、その使用権を買う為に大学を訪問した。しかしこの特許は既にアメリカの企業に売却されていた。

特許を所有するアメリカの企業を訪問し、担当の技術者に高速モータの開発を依頼した。喜んで開発したいと受け入れてくれたが、帰国一週間後キャンセルの連絡が入った。社長が許可しなかったとのこと。その後、自社開発の道を選び電気の技術者を集めた。

（2）　永久磁石モータと空気軸受

米国のMiTi（Mohawk Innovative Technology Inc.）という宇宙開発機器の開発会社が、磁石モータ（Calnetix製）と空気軸受（第4図）を使用した2段ターボの開発に成功したことを発表した。当時インターーネットや論文で韓国三星テクウイン向けと公表し、曲げモード上で運転したとある（第5図、第6図、第7図）。

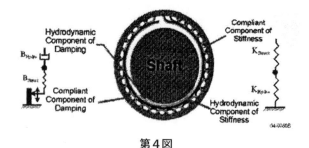

第4図

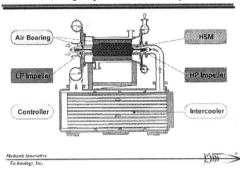

第5図

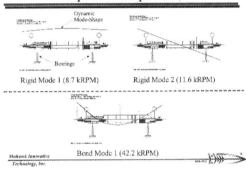

第6図

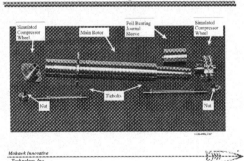

第7図

　そして三星テクウインは市場に数十台販売（2003～2005年）した。しかし、実機では曲げモードを超えられず、回転数を下げ吐出圧力が低い状態でしか運転できないのと、ロータの冷却に吐出空気の約20％を消費した為、総合効率が悪く市場が拒否し生産を中止した。

　しかし、その後この素晴らしい技術を使用した歯車を使用しない高速モータの空気軸受のターボブロアーが実機で成立した。２個のインペラーでなく、一個のインペラーを使用したターボブロアーを製造するメーカーが韓国に数社発足し、現状韓国市場だけでなく、日本や中国市場を独占している。ブロアーはインペラーが一個だけゆえ曲げモードは無く、ロータの冷却も簡単ゆえ冷却空気の大量消費がないので、インペラー二個の圧縮機より技術難度が低い。当方は三社ほど訪問しており、その内一社のコンサルをしたこともある。

（3）　高速モータ使用圧縮機（High Speed Motor Compressor ＝HSMC）の課題

　当方晩年は中国で仕事しているが、中国の会社でもHSMCの開発の計画を楽しんだ。しかし達成できていない。「本項（1）」のソリッドロータは、基本的にロータに電流が流れ発熱する。しかし「本項（2）」の磁石モータのロータは、永久磁石ゆえ理論的には電流が流れず、電流によるロータの発熱が無いので、ロータの冷却対策はソリッドロータより難度が低く、ロスが少ないので効率も良い。

　磁石モータのHSMCの課題は下記通り。

①高い回転数で曲げモードを避ける。

　　対策案：モータの外形を大きくし、ロータを短くすることによって曲げモードの下で運転する。

②ロータの外形を大きくすると、ロータの強度が必要。

　　対策案：炭素繊維強化プラスチック（CFRP）をスリーブとして使用。

③ロータの外形が大きいと周速が速いので、空気のミキシングロス（空気かき混ぜ損失）が大きくなる。つまり、ロータの冷却が必要になる。

　　対策案：ミキシングロスを減ずるためロータの表面を負圧にする（第8図）。またインペラー背面からの軸方向への高温空気漏れを冷やす（第9図）。

　　（尚、空気のミキシングロスは空気の比重に正比例する。三星の場合は高圧の冷却空気をロータに流したので、冷却空気の圧力が上昇し、ミキシングロスが更に増大した。）

　ロータの冷却にエネルギーを使用しなければ、ギヤード型ターボより、コストが安いだけでなく、ギヤーや軸受の損失がないので効率も良くなるのだ。

　上記の課題解決法として、当方は中国で特許を数件出願している。
　「本項（2）」で紹介した韓国のブロアーメーカーもインペラー2個のHSMC
に挑戦しているが7Bar以上を吐出する開発には未だ成功していない。

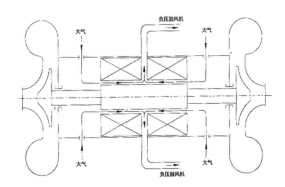

第8図

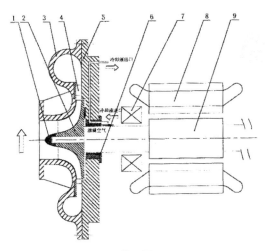

第9図

おわりに

　当方は、日本のIHIにいる時、晩年HSMCの開発を始めたが、上司から中
国に会社を作れと命令されて、開発から離れてしまった。中国の会社立ち上
げを終了して、日本に戻ったら、HSMCの開発組織は消滅していた。その後、

中国の会社に再就職してHSMCの開発計画を再度楽しんだが、十分な開発メンバーが揃わず、達成できていない。

　課題を解くのが楽しいゆえ、アイデアをいっぱい出し、その一部を特許として出願した。「モータの高速化」項（3）の①〜③の課題と対策案はその一部を紹介したものだ。特許の所有権は当時所属した会社にあるが、当方は使用権を持っている。また、中国にしか出願していないので日本では自由に使用できる。

　当方は現在会社に所属していないが、自分の技術を次の世代に伝承したいと思っている。このテーマ（HSMC）の開発に関心がある方は、ぜひ連絡いただきたい。

＜参考文献＞

(1) ターボ機械第36巻8号
(2) Karl Heinz Konka, VDI-Verlag, GmbH Schraubenkompressoren Technik und Praxis, pp382-385
(3) MiTi Developing Vol.19 2004.9
(4) 中国発明　申請公布番号　CN104810949A　発明者：長谷川和三
(5) 中国発明　申請公布番号　CN106286337A　発明者：長谷川和三

2. 効率の良い生活方法

はじめに

　人生をより楽しむ為、そして仕事の生産性をもっと上げる為に、時間の使い方の効率を上げるのは非常に重要テーマである。また日常の生活の中で、テレビ、新聞、本などの情報収集の有効な利用方法等を当方の経験を報告するので、参考にしていただきたい。

効率の良い時間の使用方法

（1）　通勤時間

　当方若い時、脳の専門家の情報と思うが、「午前の脳の働き」は、「午後の脳の働き」の３倍以上と聞いた。従って、脳を使用する仕事は、午前中に実施すべきと判断した。また朝早く起きて、午前の使用時間を永くすべきと、若い時から認識している。従って当方は若い時から通勤出発時刻は朝早く家を出ている。早いと電車は空いていて、席に座ることもできて、本も読める。当方の場合、会社の開始時刻（8:30）より、75分も早く到着していたが、しかし事務所の門が開くのは就業の開始の60分前（7:30）故、駅のホームの椅子に座って、本か書類を読んで、入門時間を調整していた。

　ソニーが小型の携帯可能なカセットプレイヤー（ウォークマン＝歩きながら聞けるという意味）を開発し、小さな再生機ゆえ、歩きながら聞くことができるようになり、ラジオ放送を録音して、通勤中に再生して楽しんだ。引き出しの中にある過去のカセットテープの名前を見ると、「講演、法華経、般若心経、維摩経、英会話、等」と書いてある。海外出張の機会が発生した頃は、英会話のカセットを使用したし、中国駐在が決まった時は、毎日中国語をウォークマンで一生懸命勉強した。現在は、電車の中で、携帯を見ている人の他に、イヤホーンを利用している人もいる。

　以上早く出発することで、通勤時間は満員電車の苦痛な時間ではなく、楽しく有効に利用する時間とすることができる。例えば10年間の往復通勤時間を計算すると、片道１時間の通勤時間で、

　（10年×200勤務日／年×１時間×往復２／勤務日）＝4,000時間

を無駄に過ごすか、有効に使うかで、人生が大きく違ってくる。尚、中国

蘇州に住んでいる時は、通勤の送り迎えの車の中で、中国語の練習用CDでいつも聞いていた。

(2) 午前の仕事

開発や設計部門の午前の仕事は、頭を使用する仕事に集中し、会議や打合せをしないようにすべき。当方が工場の設計の責任者の時、若手の設計者が電話ばかりしているので、午前中の電話を禁止し、よそから来た電話は、課長が取ることにした。そうしたら、電話の主は工場の現場からで、図面の問い合わせだった。実は工場の現場に図面が無く、図面の内容を電話で問い合わせていたのだ。

何故だ？実は工場の現場は修正図の差し替えが面倒ゆえ、最新の図面に更新されていなかったのだ。それゆえ図面の内容を電話で設計に確認していることが判明した。課長が電話を取ることによって、工場の現場の図面管理ができていないという問題を発見することができた。課長は部下の仕事に立ち入ることによって、実態を把握することもできるのだ。午前中の電話による業務の中断による効率低下は甚だしい。　若手が仕事に集中できるようにして、仕事の質が上がり、効率を上げることができた。

(3) 午後の仕事

午後は頭の集中力が必要の無い仕事、つまり社内情報の確認や、問い合わせの回答処理や、事務処理や会議等を実施すべき。特に昼食直後は眠気があるので、頭を使用する仕事にはむいていない。その日の業務の終わりには、今日の業務を思い出し、反省すべき点、改善できる点、新しいアイデアなど気が付いた点を抽出してみよう。思い浮かんだ工夫やアイデアはすぐ実現できるものと、そうではないものに分かれる。すぐできるものは、明日からの業務に反映することである。あなたの業務力は確実に改善される。すぐ実現できない工夫やアイデアは試行錯誤や試験が必要かもしれない。アイデアを温め検討を続ければ、新しい発見や特許につながる可能性がある。

今はどうか知らないが、昔は若い人は上司より早く帰宅することは難しかった。しかし、当方は若い時から、ほとんど残業せず定時に帰宅した。毎晩、家族と夕食を一緒にすることができた。

(4) メールの表題の重要性

受信したメールの内容を読む必要があるか否かの判断は表題で通常判定できる。つまり、受信者が、表題で内容を読む必要があるか否かを判定できるようにすべき。メールの表題は、新聞記事の表題と同じで、内容を読むか否かどうかの判断と同じで、重要である。しかし、多数人へのメールの回答などは、内容が表題と変わっても、表題を変えずに回答すると、その内容が関

係なくても、読んでしまう。回答内容を表題に明記すべきである。

　当方、中国の会社で仕事している時、表題のない社内メールが多かった。内容も漢字だらけでキーワードも見つけにくい、全文を読まざるをえなくて時間を無駄にしたことがよくあった[1]。

　他人の時間を無駄にしない為、表題で内容が明確に表す言葉にすることが重要と思う。若い人に対して、このテーマを指導すべきで、新聞記事も表題を解りやすくして欲しいものである。

テレビの録画使用

　当方はテレビの生放送は見ない。全て録画したものを再生してみている。

　NHKの19時のニュースだけは生放送で見ていたが、これも現在は録画してから、再生してみている。そうすると、無駄な放送を飛ばしてみられるので、30分間の放送内容を10分以内で終了する。つまり、殺人事件とか交通事故、火事などはだらだらと見たくないので飛ばすことができる。

　録画の素晴らしいところは、関心のない画面は飛ばしてみられることだ。コマーシャルやつまらない会話や解説を飛ばしてみられる。そして夕食中には軽い放送（歌番組等）を再生し、メモを取りながらみる奥の深い番組（哲学・思想等）を、自分で選択できることが素晴らしい。また、難度の高い情報で理解できない場合、2度再生して内容を再確認ができるし、重要な単語は放送を止めてメモすることもできる。

　当方は、週末に1週間分録画の予約をするが、夜の番組のBS-TBSの「報道1930」とBSフジの「プライムニュース」は、経済と政治が主たるテーマだが、出席者とテーマは当日にならないと判らないので事前の予約ができない。この番組は、出席者次第で素晴らし番組になるので、当日確認してから録画をしている。

　また、孫が来た時に一緒に見て楽しむ為に、子供の番組を録画しておく。

新聞

　昔は（40年前）通勤電車の中では、乗車客の全員がほとんど新聞を読んでいた。しかし現在は新聞を持っている人はほとんどいない。皆スマホを見ている。これは中国の地下鉄も全く同じ。当方は通勤時、今でも日経新聞を読んでいる稀な人物だ。通勤が無い時は、スポーツクラブに通っているが、固定式自転車で運動しながら、日経新聞をよんでいる。過去、通勤時スマホで日経新聞を読むことを何度もやってみたが、上手く読むことができない。スマホでは、ななめ読みが上手くできない。やはり紙の新聞が便利だ。

　新聞記事は表題と記事の内容が違っていることが多い。表題は読者を引き付ける文章になっているが、記事を読むと、本当の事実が記述してあり、表題と全く意味違っていることが多い。おそらく、表題の著者と記事の著者は別の人物だと推測する。

　例えば、表題は「中国は不況になった」、そして内容をみると「６％の経済成長が５％の成長に落ち込んだ」、5％の経済成長なら不況でないが、不況と書いた方が読者を引き付けるのだろう。

　重要な記事やデータはハサミで切り取り、ノートに貼り付け保存している。

図書館の利用

　この２年間、毎月仕事で上海を訪問しているが、飛行機の待ち時間や機内での時間の使用方法として、本を持参して読むことが多い。いちいち本を買っていたら、費用も無駄で、蓄積した本の置き場所がなくなる。できるだけ図書館を利用すべきだ。

　市（習志野市）の図書館は、読みたい本を要求すると県内の公立図書館の在庫を探して、在庫が無い場合は購入してくれる。非常に便利だ。当方は有楽町の駅の近くに勤めている時、昼休みに本屋を訪問し、新刊を調べて読みたい本をメモして図書館に手配を要求した。

　本を読んで、重要な内容や印象に残った内容を読書録に記録して、それを再読するのは非常に楽しい。当方は出かける時などに持参して、空いた時間で読書録の再読を楽しんでいる。

おわりに

　以上、当方の生活パターンを紹介したが、役立つ部分を利用いただきたい。

　実はテレビニュースを録画してみる方法は、元官僚の高橋洋一教授の本で知ったものだ（本の名前は記憶にない）。彼の時間を無駄にしない方法を参考にした。つまり、これを知るまで、ニュースは生放送でみるものとだと思い込んでいた。私の家内もこの方法に非常に賛成して、一緒にみている。

　つまり、他人の生活方法を参考にして、利用できるものを選択することによって、自分の生活方法を、より楽しく効率のよいものにすることができるのだ。

＜参考文献＞
(1) 長谷川和三：日本人が参考にすべき現代中国文化、日本僑報社、p13

3. コストダウン

はじめに

　製造メーカーに於いて、コストダウンは最重要課題の一つである。コストダウンの成果がそのまま企業の利益増加に直接つながる。「第1回40〜50年前欧米のターボ圧縮機の技術習得」の記事で説明したが、フォードが自動車の標準化と量産化でコストダウンに成功した例を挙げた。コストダウンの基本は標準化であるが、当方が担当したターボ圧縮機の過去の経験を紹介するので、参考にして頂きたい。

コスト（原価）中身

　圧縮機という製品のコスト（原価）の中身は通常、材料費（購入品）＋人件費（工数）＋管理費である。管理費の調整は管理部門や経営者の仕事である。従って、設計部門が担当するコストダウンの対象は人件費（工数）の削減である。工数も直接人が作業する組立や試験等と、加工機械が無人で加工する工数では単価が異なる。通常段取りを除いた無人加工時間単価は、組み立てや段取りなどの人件費工数単価の50％以下にすべきだ。

　当方が若い時、設計でコストダウンを工場の人と検討している時は、機械加工単価の中に工場の管理費が含まれていたので、自分の工場の加工単価が社外の生産性の悪い小さな工場の外注費より高く、外注に出した方が、コストダウンになるという計算になって、外注に出す方を選んでしまった。これは大きな間違いで、管理費を機械加工単価から除外して安価にして、自分の工場単価を下げて、自分の工場に取り込むことによって、出銭を減らすのが正しい。加工を外注に出すのは、社内の設備が満杯で投入できない時に限るべき。

ターボ圧縮機のコストダウンの具体例の紹介

（1）　コストと部品点数の関係

　実は製品のコストは部品点数に完全に正比例する。部品が多ければ、部品と部品の接触部分の面積が多くなり、そしてその接触部分の加工面積が多くなり、加工工数が増加する為だ。勿論、部品点数が増加すれば組立工数も増加する。現役時代のギヤターボの標準化の歴史は、部品点数の削減（一体化）によ

るコストダウンの歴史だ。当方も20年間のコストと部品点数のグラフを書いてみたら、正比例になっていて、びっくりしたものだ。

　新機種の試作品は、設計や製造ミスによる修正リスクを少なくする為に一体設計を回避して、部品点数を多くする。試作が成功後に標準化設計を行う時はできるだけ部品点数を減らして、一体化設計をする。

（2）　歯車箱

　40〜50年前は、歯車箱は溶接構造であった。これが鋳物になり、スクロール

写真1　TAE型ターボ圧縮機
（出典：石川島播磨技報、Vol.43、No.3）

第1図　ギヤボックス
（出典：石川島播磨技報、Vol.43、No.3）

やインタクーラや吐出空気配管まで一体鋳物になり、部品点数が大幅に減少しコストが下がったことを第一回の記事で報告したとおりだ。

　ここで鋳物のコストを考えると、実際に鋳物を作るのに一番時間がかかるのは、実は鋳物の型の段取りや木型の組み立て作業だ。従って生産性を上げるのに成果を期待できるのは、ロット生産だ。つまり、一つの木型を使用して、4～5個の鋳型（砂型）を一度に造り、一度に鋳造すると一個当たりの段取り時間が大幅に減る。鋳物工場を訪問して、その作業を確認すれば、何に時間がかかっているか、そして対策を考えることができる。その一つがロット生産だった（写真1、第1図）。

　将来は3Dプリンタで製造される可能性がある。3Dプリンタは複雑な構造の部品を無人で製造することができるので、鋳物の型も不要で、鋳型の組み立て作業もいらないので、人件費が不要で、コストが大幅に安価になる可能性がある。2019年の東京の展示会で、何と航空エンジンメーカーのGEが3Dプリンタを商品とした展示していた。

（3）　インペラ加工

　40～50年前は、インペラの加工は500KWクラスで一枚100時間以上かかっていたので、ステンレスの精密鋳造の鋳物を使用していたのは第1回の記事で紹介した通りであるが、現在は加工技術が進んで、加工時間が1/10以下になり、チタンのインペラの加工による製造の方が鋳物より安価である（写真2）。

　ただし、インペラの加工方法には2種類あって、線加工と点加工がある。線

写真2　インペラ
（出典：石川島播磨技報、Vol.43、No.3）

加工とはバイトの側面で加工し、点加工とはバイトの先端で加工する。当然線加工の方が2次元で加工するので、加工時間が短く加工費用は低いと考えるのは一般的であるが、加工は無人ゆえ、点加工で時間が永くてもバイトの寿命が永い方が安価であるという考え方もある。点加工でバイトが消耗して短くなっても使用可能だが、線加工で工具か消耗して細くなったら使用できないとのこと。しかしこの加工機の時間当たりのインペラの処理個数も顧慮して検討しなくてはいけない（写真3）。

写真3　5軸加工機
（出典：IHI Engineering Review）

　ターボチャージャーのアルミのインペラは、昔はダイキャストで量産製造されていたが、現在は機械加工で、何と数分で加工できて、バランシングも自動で、あっという間に終了する。

（4）　空気冷却器
　圧縮機では中間冷却器のことをインタクーラ、後方冷却器のことをアフタクーラと読んでいる。タイプは2種類あって、管内水と管内空気がある。管内空気は小型でコストが安価であるが、冷却される空気の流速が速いので圧力損失が大きくて、圧縮機全体の効率が悪くなる。管内空気式はレシプロ圧縮機や小型のスクリュウ圧縮機では使用されたが、効率重視のターボ圧縮機では通常使用されていない（第2図）。
　管内水式の構造は、管と管外のフィンを接触させる為に管をフィンに挿入した後に管を拡張する必要がある。管の中に拡管治具を挿入して拡管させる。本

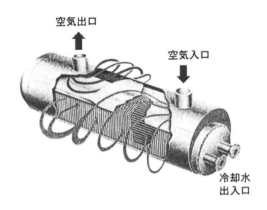

第2図　インタクーラ

数の多い管を一度に全ての管に挿入はできないので、一度に数本の治具を挿入して拡管する作業を実施していた。随分時間の掛かる作業であった。管内水の構造は、材料代が高いだけでなく、作業費も高い構造であった。

　しかし、拡管機を使用しない方法を発明したメーカーが現われた。ネスト（熱交換機の管とフィン一体になったもの）の管内の水圧を高くして、水圧で管を膨張させる方法だ。非常に簡単な方法で、短時間で拡管ができることに成功した。

（5）　配管の継手

　配管の継手には、フランジ、ねじ込み、スリーブジョイントの3種類ある。

フランジ　　　　　　ねじ込み継手　　　　　　スリーブジョイント

（出典：Victaulic Joint社ホームページ）

第3図

通常、空気配管の3B（80mm）以上はフランジ、2B（50mm）以下はねじ込み継手が使用される（第3図）。

フランジやねじ込み継手は材料費が安価だが、フランジの溶接やネジの加工に工数がかかる。一方、スリーブジョイントは購入コストが高いが、加工がほとんど不要で、取り付けや取り外しの作業時間は非常に少ない。例えば、フランジの場合は、取り付けボルトが4本以上必要だが、スリーブジョイントは1本か2本である。当方、45年前に米国JOYの技術を導入した時、配管にフランジやねじ込み継手が全くないのに驚いたものだ。

組立現場での作業工数を減らすのが、トータルのコスト削減であることを考えると、コスト削減にはスリーブジョイントの採用が必要である。

おわりに

通常、設計者は図面や資料ばかり見ていて、製造現場の作業に関心が少なく、その内容を知らないでいることが多い。当方も現役時代、問題が起きて製造現場から呼ばれると行くが、課題が解決すると、さっさと設計事務所に戻ってしまった。しかし、現場で、実際に何に時間がかかっているかを知るには、現場に椅子を持ち込み、座ってゆっくり観察するのを推奨する。何に時間がかかっているのかを見つけ、その場で対策が見つからなくても、その現場の記憶が残ればある日突然、対策のアイデアが浮かぶことがあるのだ。

通常鋳物は外注品だが、その製造現場もよく見ておく必要がある。当方は昔、精密鋳造のインペラの型の組み立て現場を見た時、精度を出す為にその作業の時間のかかり方の多さにびっくりした。将来きっとインペラ加工の方が、時間が短くなることを確信したら、現実にその通りになった。

歯車箱の鋳物も将来3Dプリンタになるかな？

4. 発明の楽しみ方

はじめに

　開発技術者の楽しみは発明である。つまり、市場に未だない新しいアイデア
を生み出すこと。そして、特許を出願して、承認されると、新発明として認め
られることになる。

　尚、当方は若い時から発明が大好きで、特許出願マニアであった。過去120
件以上出願しているが、その内20件位は仲間の発明で、100件ぐらいが、自分
の発明だ。新規開発は仲間との共同作業ゆえ、出願は共願にすることが多い。

　当方の発明の仕方を説明するので、参考にして頂きたい。

発明の種類

　発明には大きく分けて、2種類ある。一つは、商品の改善で、もう一つは新
開発である。その2種類に分けて説明する。

(1)　改善（50％の減量運転を可能した）

　既に商品として市場にだしているもので、実際に使用してみて、問題や課題
に気付いた時や、またユーザーの新しい要求などに対応するために、従来には
ない新しい解決方法が発明となる。

　例を紹介すると、空気圧縮機の場合、ユーザーの空気使用量が変化して
50～100㎥/min の場合、通常50㎥/minの圧縮機を2台納入する。又は25㎥/
minを4台納入するなども考えられるが、当方は、一番安価な方法として100㎥
/minを1台納入したいと思ったが、ターボ圧縮機では100㎥/minの圧縮機は50
㎥/minでは運転できず、70㎥/minまで吸入弁を絞り減量し、20㎥/minは大気
に捨てる方法しかなかった。

　この課題を解決するのが発明である。ユーザーは薬品会社で、使用圧力は3
BarGで一軸2段のターボを使用する。1段のインペラーは50％まで吸入弁絞
りで減量できるが、2段のインペラーは流量係数が小さいので使用範囲（低流
量では失速する）が狭く、70％までしか減量できない。つまり、従来の方法で
は、1段の入口にある吸入制御弁を70％まで絞り、二段の出口流量の20％を大
気に捨て、残りの50％を送気するのだ。

　この解決方法として、50㎥/minで使用する時は、2段のインペラーを20㎥/

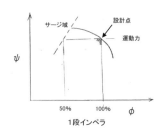

1段インペラ

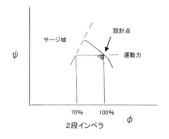

2段インペラ

Ψ：吐出圧力　　φ：流量

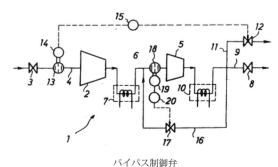

バイパス制御弁

第1図

(出典：特開昭57-124096)

minバイパスする方法を思いついた（第1図参照）。

　つまり、一段のインペラーは吸入弁を絞って50㎥/minで運転し、2段のインペラーは70㎥/minで運転するのだ。この方法は、一段のインペラーの方が、2段より仕事量が大きく（圧力比が高い）ので50％の運転流量でも、トータルの消費電力は合計60％以下にできて、十分成果がでる。

　別の方法として、2段のインペラーの回転数を上げるために専用のシャフトを設けて、流量係数を改善して減量範囲を拡大して、バイパスしないで運転す

る方法もあるが、軸受やギヤが増加するので機械損失が増えて、全体の効率が悪くなるし、コストも高くなる。

　本特許は成立し、実機でも採用され成果を上げた。その後、他社に無断でこの発明が使用され、特許侵害で賠償金を払わせたことがある。つまり、当方だけでなく、技術者なら当然気付くアイデアなのである。従って、発明の際は、必ず特許を出願して、実施権を独占する必要がある。また、発明した際には、既に特許が出願されていないか、事前に確認する必要がある。

　尚、ターボ式は低流量では失速（サージ）で運転できないという欠点があるが、容積型のスクリュウはインバータによる回転数制御が普及した。従って、50％の減量は容易に可能だ。しかし、50㎥/min以上の容量では、ターボより効率が悪いので使用されていない。

(2)　改良（据え付け面積を20％削減）改良した例を紹介

　汎用のターボ圧縮機は容積型のレシプロやスクリュウタイプや従来のターボタイプより、高速ゆえ、流量当たりの全体の大きさが小さい。しかし、インペラーの汚れで性能劣化する欠点があるので、吸入フイルタは精度が高く、寿命を永くする為に大型にしている。従って、フイルタの全体の占める体積は非常に大きい。写真1の左にある円筒形の容器が吸入フイルタ。圧縮機本体より大きいのだ。

写真1　TA形ターボ圧縮機

　75kWの世界最小のターボ圧縮機では、コンパクトが重要なコンセプトで、据付面積を小さくするために、通常一段のインペラーは駆動モータの反対側にあるのを、モータ側に変更し、吸入フイルタの位置も駆動モータ側にして、モ

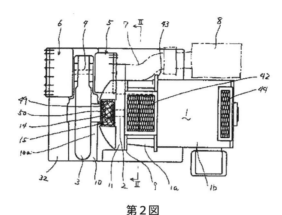

第2図

（出典：特願平6-235462）

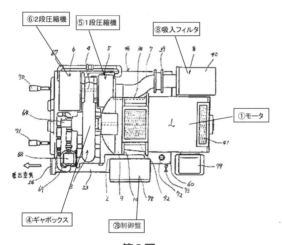

⑥2段圧縮機　⑤1段圧縮機　⑧吸入フィルタ

①モータ

④ギヤボックス　⑦制御盤

第3図

（出典：特願平6-233882）

ータ側の空いたスペースを利用することによって、軸方向の長さを短くする発明をした。

　成果としては、据付面積を約20％減少することができた。大型のターボではモータ側のスペースは狭いので、吸入フイルタを置くことができないが、75kWでは小さいので置けるのだ。

（3）　コストダウン（吸入フイルタとサイレンサの一体化）

　圧縮機は吸入音と吐出音が主たる騒音発生源で、通常消音器（サイレンサ）を設けて減音する。空気圧縮機は大気から空気を吸入するので、大気につながっているため、圧縮機の吸入騒音が大気に出てしまう。一方吐出側は吐出直後にアフタクーラがあるので、ターボの場合アフタクーラで圧縮空気の流速が減速されて、騒音が消えてしまう。スクリュウやレシプロの場合は減速だけでは、騒音は消えないので、通常吐出サイレンサを設置する。

　本書「日本の圧縮機市場の歴史とその対応技術」の中で、レシプロで吸入サイレンサと吸入フイルタと一体したことを説明したが、今回はターボにおいて、一体化にして、コストを削減した例を紹介する。

　第5図は中野有朋博士の公開論文で、吸入フイルタのケーシングの空気通路に吸音材を貼ることによって、吸音する構造である。ポイントは空気通路を直角に曲げることによる消音効果の向上の利用だ。

　この例を参考に、従来の複数部品の中で、使用中の製品の一部を、一体化できないか、検討することを推奨する。一体化できれば必ずコストが下がる。本

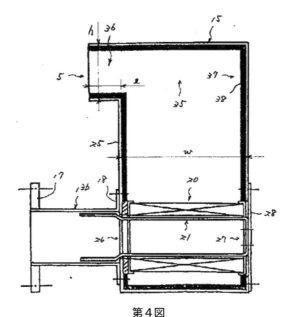

第4図

（出典：特開平8-93698）

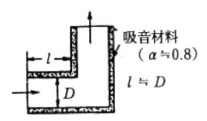

第5図　　直角まがり吸音ダクト型消音器
（出典：https://www.jstage.jst.go.jp/article/
jriet1972/17/11/17_11_745/_pdf/-char/ja）

連載第6回で説明した。

（4）　論文からヒント

　ガスタービンの論文を読んだら、夏場の動力アップが目的で空気の吸い込み口に水噴霧が実施され、空気の吸入温度が下がり、圧縮機の効率が良くなったと報告されていた。当方は早速、ターボ圧縮機で試験してみたが、動力が増加し、効率が下がり、失敗した。水滴が大きすぎて蒸発しなかったのだ。当時、

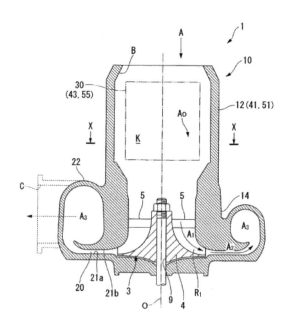

第6図
（出典：特開2009-121318）

名古屋大学の長谷川豊教授（現在名古屋工業大学教授）と懇談した時、水滴の粒子粒を8ミクロン以下にすれば良いことを知り、実際に3ミクロン以下にすることに成功した。実際に名古屋大学でターボ圧縮機の実機で試験し、成功し学会で発表した*。

また、特許も長谷川教授と共同で出願した（第6図、第7図）。

空気圧縮機の省エネに関心がある方は、水噴霧の省エネの具体的な実施方法や、成果の詳細の内容は当方が執筆した本「すぐ役に立つ　製造現場の省エネ技術　エア個プレッサ編」の　「6.3.5　水噴霧による空気の冷却」（p.69-73）を読んで頂きたい。

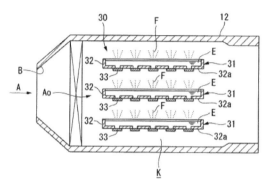

第7図

（出典：特開2009-191635）

発明のきっかけは、ガスタービンの論文つまり、タービンというターボ圧縮機と共通技術分野の論文である。つまり、機械の種類が異なっても、共通技術分野の論文には、発明のヒントがあると意識して読む必要があるのだ。

（5）　新規発明（新課題の解決方法）

世の中に無いものを開発するには、超えなくてはならない課題がいっぱいある。この課題を解決する方法が新規発明である。本書「1-4　75KWの超小型ターボ圧縮機の開発成功と高速モータの利用」の「『モータの高速化』項（3）

高速モータ使用圧縮機（High Speed Motor Compressor=HSMC）の課題」で説明したが、まずは最初に、新機種を成立させるための課題を書き出し、その対策案を考え、それを確認試作テスト前に特許を出願しておく。出願の原稿

---

*上田、Hong、長谷川豊、長谷川和三：マイクロガスタービン用遠心圧縮機における水噴霧冷却効果の解析、日本機械学会年次大会発表（2008.8.2）

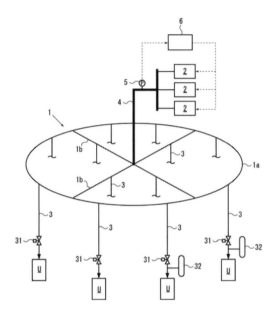

第8図

（出典：特願2010-021968）

を書いておくと頭が整理できるのだ。

　もう一つの例として、「スマートグリッド・パイピング」を紹介しておく（第8図）。

　当方、圧縮機メーカーを退社して、エンジニヤリング会社に入社して、圧縮空気を使用するユーザーの省エネを仕事にすると、圧縮空気を使用する立場で観察する機会を得た。圧縮空気の日本の工場の用途の50％はエアブローである。その使用圧力は10〜20kPa（0.1〜0.2Mpa）であるが、実は0.5〜0.6Mpaの5倍の圧力の圧縮空気が使用されているのだ。これをブロアーに変更すれば、消費電力は大幅に削減できるが、エアブローは間欠ブローが多いので、間欠運転のできないブロアーは連続ブローしか使用できないのだ。その解決策を考えて、多くの間欠ブローを配管で繋ぐ「スマートグリッド・パイピング」を発明したのだ。配管を繋ぐと空気のトータルの使用量が平準化され、ブロアーの連続運転が可能になるのだ。圧縮機からブロアーの変更で、電力の消費が約1/4にすることができる。

　詳細の説明は本「すぐ役に立つ　製造現場の省エネ技術　エアコンプレッサ編」の　「10.2　スマートグリッド・パイピングによる省エネ」（p.106-110）

を読んで頂きたい。年間３億円の省エネ成果を例として記載されている。

　尚、本特許は日本と中国で成立しており、特許の発明者も権利者も筆者である。この特許をご利用されたい方は連絡いただきたい。使用した成果の記録を学会で発表し、世間に普及させたい。

特許の文章の書き方

　出願する文章は一般に弁理士が書くが、弁理士に提出する文章の書き方を報告する。

　下記の項目の原稿を準備する必要がある。第三者が読んでも理解できる文章にしなくてはならない。

　①要約
　②所属領域（産業上の利用分野）
　③請求範囲
　④発明が解決しようとする問題点
　⑤発明の詳細説明

　一番重要なのは、③請求範囲で、一つの文章だけでなく十分検討して数多く提示すべきだ。

　基本的には、弁理士が編集してくれるので、要点を記述し文章は任せればよい。

　推測だが、特許出願の経験のない技術者は①から⑤の項目を書くのが面倒だから、書きたくないと思うかもしれない。しかし、これを書けば頭が整理できるのだ。頭が整理できると、もっとよいアイデアや別の方法が浮かんだりするかもしれない。

　読者の方々、新しい着想は必ず紙に書いて、客観視しよう。

おわりに

　読者の方々は、技術者と思われるが、技術者の人生の楽しみは、自分の技術が生かされ、社会に役に立つことである。勿論、自分の担当の商品や設備が改善できて、会社や社会から評価されれば、満足し幸福になるのだが、その証拠として記録に残るのが特許だ。勿論ビジネス上の本来の目的は独占的知的所有権の取得である。

　また、ビジネスの立場で考えると、空気圧縮機の市場は中国が日本の10倍だから、重要な特許は中国でも出願する必要がある。実は、中国の弁理士のレベルが低く、文章の間違いを修正するのは大変だ。当方晩年中国でかなり出願したが、大変苦労した。日本語のできるレベルの高い中国人の査読が必要だ。

　永い知り合いの弁理士に、本稿を査読していただいたら、私が何故特許マニアになったかを記事にしたらとアドバイスをいただいたので以下に報告する。

　本書「日本の圧縮機市場の歴史とその対応技術」で紹介したが、当方まだ若くて公害対策が市場要求になった時、当時、自分の部門に騒音対策の知識のある技術者がいなくて、研究所を訪問し、騒音対策の専門家に基本教育を受け、自分でサイレンサの設計開発をした。低騒音化の成果が出て、特許も出願し会社から表彰もされた。達成感を味わい、幸福になれた。以後これが切っ掛けとなり新しいアイデアを出して、トライするのが習慣になったのだ。

　もう一つは、日常の仕事や生活の中で、改善の為の課題を見つけるのが習慣になっている。課題を解決するのは、発案で、世の中にない発案は特許になるのだ。2019年は中国で2件出願し、2020年は日本で1件現在弁理士と協議中である。

5. 技術者のユーザーとの交流方法

はじめに

当方は空気圧縮機の技術者で、工場の省エネ担当の技術者向けに、過去省エネの記事を書いたり、本を出版したりしている。省エネの講演も数多く実施している省エネの専門家でもある。今回は省エネに関して、ユーザーとの交流の内容を中心に紹介する*。

省エネ技術者になった経緯

本書「日本の圧縮機市場の歴史とその対応技術」の中で報告したが、1980年代には日本はオイルショックが契機となり省エネ法が制定（1979年）され、工場にはエネルギー管理士の配置が義務づけられた。空気圧縮機は工場の安価で便利な動力源で、一般工場では電力の約20％を消費しているので、当然担当のユーザーはエネルギー管理士ゆえ、圧縮機メーカーの技術者もエネルギーの知識がないと、議論ができない。逆に圧縮機メーカーの技術者がエネルギーの知識があって、省エネの提案ができれば、ユーザーも面談を希望するのだ。

トップレベルのユーザーとの交流

当時、空気圧縮機のユーザーで省エネに一番積極的で熱心だったのは、トヨタとデンソー（当時の名称は日本電装）であった。トヨタもデンソーも省エネ成果をドンドン発表していたので、日本中の工場の管理者はそれを知っていた。　圧縮機に関して、ほかのユーザーは、この2社がIHIと一緒に省エネを実施していることを知り、IHIの技術者の筆者にコンタクトしてきた。つまり、圧縮機の分野では、このトップレベルの2社を確保していれば、他社には営業活動しなくても、引き合いがくるというビジネスモデルになっていた。また、新しいユーザーの開拓には、トヨタとデンソーへの納入実績を見せて紹介すれば、自分の機種の長所を一生懸命ピーアールする必要がないのだ。

＊出版実績：日刊工業新聞社「すぐ役立つ製造現場の省エネ技術　エアコンプレッサ編」、また日本工業出版月刊誌「クリーンテクノロジー」2016年8月号に「エアコンプレッサおよび圧縮エアの省エネの考え方」等

　日本だけでなく、当時、米国の企業の技術者から夕食時に聞いた話によると、会社の方針の「ジャストインタイム」は、トヨタの生産方式のパクリだと説明していた。なお、トヨタでは「JIT」（ジット）と読んでいる。

　トヨタには、新しい提案ができなければメーカーの訪問が難しいという条件があり、常に新しいアイデアを提案しつづけなければならない。しかし、これは当方としては、これは大変だが非常に楽しい仕事だった。

　また、トヨタはリスクがあっても挑戦する文化であった。ある日、トヨタの若い技術者から提案された内容は、リスクが大きくてこの挑戦には同意できないと言ったら、トヨタでは挑戦しないと評価されず、挑戦して失敗しても挑戦しないより評価は上だと説明された。

　一方、他社のユーザーはトヨタの省エネ実施内容を教えてくれと当方に要求してきた。トヨタの許可を得て他社に教えたが、トヨタはいつも新しい課題に挑戦中で、当時は既に達成した技術は公開してよいという回答だった。ただし、特許を出願した技術は当然不可である。

　一方、デンソーはトヨタ向けとは異なった提案でないと受け入れないという条件であった。デンソーは独自の文化を持ち、当時トヨタの支配下ではなく、独立した日本電装という会社で、意欲とプライドの高い会社であった。

　トヨタやデンソーという前向きなユーザーと交流できて、大変勉強になった。省エネビジネスは、新しいアイデアが浮かんでも、前向きなユーザーがいないと実施できないので、達成感を味わえない。ここで報告したいのは、トップレベルで前向きのユーザーと仲良くなることが非常に重要であるということだ。日本の機械製造メーカーで国際的に競争力があるのは、日本のユーザーのレベルが高いから、育てられたという一面があるのだ。

ユーザーとの対応方法

　初めての会社や工場を訪問する時は、ユーザーの立場や方針をまず理解しておく必要がある。例えば工場の入口に、会社の方針や工場の方針が書いてある。これを必ず読んで確認し、そしてその方針に合った提案をするのだ。また、一対一の面談時、持参した書類を見せて説明する機会が多いが、説明書類は対面にいるユーザーが読める方向で渡し、自分には渡した書類が反対向きの状態で指をさしながら読み、説明できる必要がある。反対向きの状態で、記号やグラフを書き込むことができるとさらに良い。当方は若い時から実施していたので自然にできるようになったようだ。

　ユーザーの自慢話を聞くのも重要だ。ある自動車会社で設備担当者は省エネの実施方法を説明してくれた。空気圧力を下げる省エネの話だが、現場には内

緒で、ラインの空気圧力を毎日ほんの少しづつ下げ、圧力低下でトラブルの連絡の来るのを待つ。トラブルの発生した箇所にはブースタ等を追加などの処置をして、また少しづつ下げていく。この方法でないと圧力をどこまで下げられるか決定できなとのこと。

権限のあるユーザーの承認を得る方法

ユーザーと交流が上手くいって課題解決方法に合意しても、その面談者に実施権限が無くて、権限のある上司を説得できないと、無駄な努力になってしまう。

従ってフォローが必要で、対応策を以下記述すると、

①合意内容を議事録に残す。第三者が読んでも理解できる文章にする。

②議事録を基にした「提案書」を作成し、客先責任者宛てに提出する。

③面談者に責任者を紹介してもらい、少なくとも挨拶をさせてもらう。

④責任者に説明の機会があれば一番良い。

なお、当方は面談中にノートではなく、「打ち合わせ覚え」を執筆し、面談終了後に面談者に確認してもらい、サインしもらう習慣がある。

面談者は担当の設備に詳しいが、実はその責任者はその設備を知らなかったり、関心がないことも有り得る。従って、その責任者の経歴や認識レベルを知

る必要がある。そうした情報をできるだけ入手し、責任者が理解できる「提案書」を作成する必要がある。

　設計者は営業マンではないので、上記テーマ解決のプロではない。同行の営業マンや商社マンと上記案を相談して進めるのが良い。

講演の実施

　ビジネスを拡大するには、ユーザーを増やさなくてはいけない。新しくユーザーを増やす方法として、講演を実施する方法がある。当方の講演は、①圧縮機の省エネと②ターボ圧縮機の技術の２種類だ。

　②の方は主に学会と大学での講演で、相手はユーザーではない。

　IHIにいる時、①では省エネルギセンターに依頼されて、全国（仙台、東京、名古屋、大阪、広島、福岡）でセミナーを実施した。東京電力や関西電力

セミナー　アンケート用紙

1）.講義の内容は理解いただけましたか？　　回答：「　　」％理解できた。

2）.役に立ちましたか？
　①役にたたない。　　　理由：
　　a 理解出来ないため。b 既に知っている為。　c 内容に同意できない為。
　　d その他「　　　　　　　　　　　　　　　　　」
　②役立つ　　　理由（複数回答）：
　　a 今の仕事に応用出来る、b 初めて知って、参考に出来る
　　c 考え方が役立つ　e 技術の内容が参考になる
　　f その他「　　　　　　　　　　　　　　　」
　③役立ったテーマ（項目に○を付けてください、複数回答）
　　1.汎用ターボの歴史・市場・現状　2.インペラ　3.デフユザー
　　4.減量範囲拡大　　5.コストダウン　　6.汎用ターボの将来
　　7.スマートグリッド・パイピング　8.動力効率比較
　　9.日本のアドバンテージ　10.発見・発明・改良の方法　11.日本の生きる道

3）.もっと詳しく聞きたいですか？
　　その内容「　　　　　　　　　　　　　　　　」

4）.改善する項目
　　①聞き取りにくい（説明が早い、言葉が不明、声が小さい、言葉が専門的
　　　　　　　　　　過ぎる）
　　②文字の大きさ　　（丁度良い、　　小さい、　　違い）
　　③内容　　　　　　（易しすぎる、　丁度良い、　難しい）
　　④時間　　　　　　（永い、　丁度良い、　短い）
　　⑤その他　　　　　「　　　　　　　　　　　　　」
5）.自由意見（スペース不足の場合は裏面へ）

お名前：　　　　会社名：　　　　　　所属：

など電力会社主催やトヨタグループ主催の省エネセミナーにも講演者として招待された。

また、エンジニヤリング会社で空気を使用する省エネを学んでからは、情報技術センターや高度ポリテクセンター主催のセミナーを何度も実施した。

講演では受講者から質問を聞くことによって、圧縮機の使用上の課題を聞くことができる。当方の説明内容の受講者が理解しにくい点も確認できて、当方の思い込みなどを修正する機会となる。また名刺を交換して、省エネ診断のビジネスにつながることもある。以上、講演は交流の切っ掛けとなるので、実施することは重要である。

講演したあと、受講者が理解できたか、講演内容が役に立ったかが一番気になる。昔、中国の大学（上海交通大学（中国で順位5位の技術系の大学））で講演した時、質問が全くなく担当の教授が30分間、当方の講演内容を中国語で解説していた。学生が理解したか、満足したか不明のまま終わってしまったので、再発防止のため、その後の講演ではアンケートを取ることにした。前頁がその例である。

なお、中国の大学についての詳細記事は日本僑報社出版、「日本人が参考にすべき現代中国文化」、長谷川和三著、p.119、「第七章　中国の大学と学会の実情」を参照いただきたい。

おわりに

今回は、当方の空気圧縮機の省エネ技術に関してのユーザーへの交流方法を当方の実例を基に説明したが、技術者のユーザーとの交流方法の参考として、役に立てば幸いである。

ユーザーに、自分の設計した設備やシステムを使用してもらう為に、ユーザーと接触して理解してもらうことは、非常に大事な仕事である。

＜参考文献＞
(1) 長谷川和三：すぐ役立つ製造現場の省エネ技術　エアコンプレッサ編、日刊工業新聞社
(2) 長谷川和三：クリーンテクノロジー、エアコンプレッサ及び圧縮エアの省エネの考え方、日本工業出版㈱、2016年8月号
(3) 長谷川和三：日本人が参考にすべき現代中国文化、日本僑報社出版

6. 技術者の考え方

はじめに

これまで当方の過去の実績を報告してきたが、今回は機械設計者の本質的な仕事の取り組み方を提案したい。

会社での仕事は与えられた業務を処理することが第一で、通常それはルーチンワークで、あまり頭を使用しない。考えることより、経験や会社のルールをベースとして迅速に処理をするのが日常の業務で、仕事の速度や時間当たりの処理量が重要である。設計者の本当の使命はアイデアを出すことと、それを達成することで、それが生き甲斐のはずだ。ここではまずキーワードの「創造」について説明したい。

創造とは

キーワードは以下の四つである。

「気づき」、「発想」、「着想」、「思考」。

当方は、本書「世界最小の小型ターボ圧縮機開発の切っ掛け」と「75kWの超小型ターボ圧縮機の開発成功と高速モータの利用」の記事で説明したように新機種の開発や、「発明の楽しみ方」で説明したように、新しい着想や発明の切っ掛けは何だろうか等を報告した。ここで新しい提案として、実はクライテリア（判断基準）の見直しが切っ掛けとなると考える。日常のルーチンワークは、会社のクライテリアの範囲内の基準や制限での仕事である。

ここで、加地伸行（儒教哲学者）先生の考え方を紹介したい。

実は当方は中国文化が大好きゆえ、先生の本をたくさん読んでいる。先生とは、足利学校での特別講演で会い、講演の中で自分の本を『くだらない本』として紹介された。当方講演終了後、近接の図書館で先生の本を探していたら、後から先生がみえたので、「先生の『くだらない本』がここにあります。」と、冗談をいい互いに笑った。その後先生とは電話で話したこともある。

先生は「孝研究」[1]という本で下記の説明をしている。

• 研究・学問：有効な新概念の創造。

• 科学：現存する外在物に対して、解釈を与え、読み取り記述すること。

• 技術・創造：科学を応用して従来なかったものを新しく有るものとして、

　出現できるのが創造である。それが技術なのである。

　この際、読者の方も自分の頭の中を、研究・学問、科学、技術・創造と分類していただきたい。今、自分は何をやっているのか、それは分類すると何になるのか、従来なかったものは何か？それが明確になれば、創造への道が明確になるだろう。

　そして課題が明確になり、それを乗り越えるとき、必ず障害になるのは、クライテリアだ。

　新規開発に重要なことを下記に示す。
- 現状基準（制限・条件）の根拠（クライテリア）を知る。
- 環境／市場ニーズの変化に伴い根拠の見直しが着想の原点。

　参考例として、当方の専門分野のターボ圧縮機について以下に紹介する。

(1) 例①

＜課題＞

　ターボで吐出圧力をもっと上げたい、クライテリアはインペラの周速の限界（材質の強度限界）。

＜解決策＞

　インペラの材質の変更、ステンレスからチタンへ変更。チタンはステンレスより比重が小さいので、周速による引っ張り応力が低い。チタンはステンレスより粘りが小さいので、インペラの加工時間が少なくて加工コストが低い。当時はステンレスの精密鋳造のインペラが標準だったが、チタンの鋳造は技術的

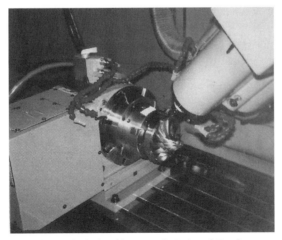

写真1　超高速5軸ミルによるインペラー加工

に難度高く存在しなかった。当方が初めて採用したのは、当時米国で高速のインペラ加工が可能な超高速5軸ミルを発見したからである（現在は日本製の方が高速で安価）。ただし、材料費は高価。ターボチャージャーのインペラも昔はアルミのダイキャスト（量産鋳物）であったが、現在は五軸ミルを使用している。加工設備を見学したが、数分の加工速度であった。動バランスもあっという間の時間だった。

(2) 例②

＜課題＞

ターボ圧縮機を小型（75kW）にするため100,000RPMの回転数が必要だが、誘導電動機の2POLEの回転数は3,600/3,000RPMで従来の歯車増速機では2段増速になり、機械損失増加とコストが増加する。

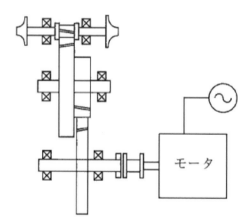

第1図　超小型ターボ圧縮機開発の思い出
（出典：機械設計、2008年8月号）

＜解決策＞

- 当時、インバータは小さい出力（数百ワット）のものしかないと思っていたが、高校の同級生で名古屋大学電気工学の教授に、趣味の電車の「よもやま話」で、すでにJR山手線で高出力のインバータが使用されていると教えてもらったのが切っ掛けだ[(2)]。
- 増速歯車を使用せず、高速モータを使用し、インペラをモータに直接搭載する（部品点数減少によるコストダウン及び、機械損失の削減）。必要な技術としては、高速モータ、空気軸受け、磁気軸受け、ロータの冷却技術があげられる。なお、当方は中国でロータの冷却技術の特許を数件出願し

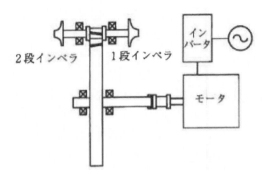

第2図　インバータでモータを増速
（出典：機械設計、2008年8月号）

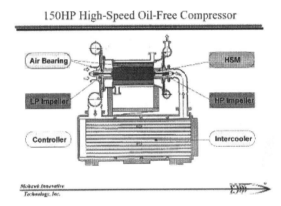

第3図　ギヤレス化

　ている。ちなみに、この分野の商品化は世界で韓国が一番進んでいる。

(3)　例③

＜課題＞

　ターボ圧縮機の効率改善として、デフュザ（インペラで加速された空気を減速して、速度エネルギーを圧力に変換する装置）の摩擦損失は通過距離に比例するので、通過距離を短くしたい。短くするためにデフュザの入り口径をインペラに近づけたい。

- 基準（クライテリア）：ベーンドデフュザ入口径はインペラの外形の

110%以上。

- 根拠：インペラから出た空気はジェットとウェイクの脈動が交互にベーンドデフュザの先端に衝突し、近いと損傷する。

＜解決策＞

- クライテリアの見直しをする。インペラ出口翼角度を傾ければ、ジェットとレイクの脈動が緩和されたので近づけられるかもしれない。

　以上、当方はターボ圧縮機の専門家ゆえ、ターボの専門的な分野の説明になってしまったが、読者の方は、自分の分野の発展の障害となっているクライテリアの見直しをしていただきたい。「第七回　発明の楽しみ方」で特許の出願について説明したが、クライテリアを見直し、新しい一歩を踏み出せば必ず新しい特許を出願できるはずだ。特許出願の達成感も味わってもらいたい。

　過去の例として、中国が経済成長の時は、堺屋太一氏説では、昔は工程分業（開発：日本、製造：中国）であったが、現在は中国も開発に変化した。

　日本では中国より先に高齢化社会に入るので日本の老人マーケットが増加し、今後は知価革命(3)でその対策方法が、先進技術として将来中国での大きなビジネスになると思う。つまり、他社や外国ではまだ直面していない課題を解決すれば、それが先進技術になるのだ。

　課題の解決方法が見つからず、それが苦痛になるのではなく、楽しみにできたら良いのだ。当面は誰にも解けず、難しい課題は時間のかかるのは当然である。これが解決できたら、先進技術になるのだと思い楽しみにしよう！

　課題をたくさん抱えて生活していると、ある日突然関係のないところから情報が入り、それが切っ掛けで解決することがある。趣味の無駄話でそれが切っ掛けがインバータの話になったのを紹介したが、仕事とは関係ない情報が切っ掛けになることもあるのだ。

　CO_2削減対策が世界の新しい課題となっている。近い将来、化石燃料が使用できなくなる。エネルギーに関係するビジネスが大きな市場になることは間違いない。課題は何なのか、リストアップして、それを眺めて、自分の技術が使用できるのは何か？自分の技術を書き出し、新しい技術は何が必要か？慌てることはない。ゆっくり自分のノートに、少しずつ気づいたことえを書き込んでゆけばよい。ある時、整理ができて、スタートできる可能性があるのだ。

　また中国周辺の儒教国は、朝鮮、台湾、日本、ベトナムだが、中国、韓国、日本、台湾は真面目に先進国の近代工業技術を学び、すでに工業技術習得は終了しているが、唯一ベトナムだけ出遅れている。ベトナムは千年前まで中国に支配されていたが独立以後、この千年間いつも中国と喧嘩している。フランス

に支配された時、漢字を捨てさせられ、フランスから独立後に米国と喧嘩したので、西洋の工業技術を導入することがずいぶん遅れてしまった。しかし、我々同様に儒教文化の国故、真面目に他国の先端技術を学び、真面目に努力する性格である。従って、日本が昔中国で実施した工程分業（開発：日本、製造：ベトナム）を実施することできる。ヒンズー教やイスラム教の国では文化が違うので導入は難しいと思うが、我々と同じ真面目な儒教国のベトナムでは容易なはずだ。以上、ベトナムの利用を提案する。

　当方、ベトナムを訪問した時、立派な孔子廟で、大勢の小学生が先生に論語を教えられていた。中国と同様に孔子廟だけでなく、道教の寺や仏教の寺があった。言葉も中国語と同じ（広東語）である。しかし、使用文字はフランスに漢字を破棄され、アルファベットになってしまった。漢字でベトナムは越南、ハノイは河内と書く。

休日の時間の使い方

　時間の使い方は第五回の「効率の良い生活方法」で説明済みだが、ここでもう一度「考える」テーマと関係ある分を取り上げると、日常の業務では午前中は午後より３倍ぐらい脳の効率が良いので、頭を使用することに使用したい。

　平日は、会社では直接仕事に関係のあることしかできないが、休日は自宅の午前中に、会社ではできないことができるのだ。自分つまり、個人にとって一番重要なテーマを検討すべきだ。例えば、自分の事業の将来像（新しい課題の検討等）や、社会の将来や、自分の将来等を検討することに時間に使用したい。

　本書「世界最小の小型ターボ圧縮機開発の切っ掛け」の記事で説明したように、当方は当時全く開発経験のない組織にいて、５〜10年後の新機種開発を検討するチームを立ち上げる素案を検討し、作成したのも、当方が課長になったばかりの休日朝の時間なのだ。

　また、記録を残すために日記をつけたり、過去の日記を読み直したりした。自分自身を客観的に見直すのに日記の再読が役に立つ。また休日は読書の時間でもある。休日の午前は重要な個人の時間だ、週末飲みすぎて朝寝坊していてはいけない。そして休日の午後は家族と遊ぼう。

おわりに

　設計者の人生を楽しむ方法として、以上の提案を参考にしていただければと思うが、少し付け加えると、新規開発のテーマを見つけるには、変化が好きな性格、皆と同じがいやな性格の人材が大切だと思う。そうした人材は組織の中

の20人に一人ぐらいはいる必要があり、新しい発想の可能性がある。しかし、こうした性格の人材があまり多いと組織としてまとまらない。

　いずれにしても、技術者を大切にする日本の素晴らしい伝統を存続（英国／米国の人材は金融へ）して欲しい。

＜参考文献＞
(1) 加地伸行：「孝研究」研文出版（2010）
(2) 超小型ターボ圧縮機開発の思い出、ターボ機械第6巻内号（2008）
(3) 堺屋太一：知価革命―工業社会が終わる　知価社会が始まる、PHP文庫

7. エアコンプレッサおよび 圧縮エアの省エネの考え方

はじめに

　IHIで圧縮機の開発や中国現地製造会社立上げを実施。以後日揮プランテックやグンゼエンジニヤリングで圧縮機の省エネ（ESCO事業）ビジネスを展開。日本と中国の学会や大学で講演やセミナーを多数実施。その後、上海に常駐して省エネ事業やコンサルを実施した。メーカに拘束されず、圧縮機のユーザーの立場で記述します。

クリーン化

　市場の実情では、汎用圧縮機の大半は吐出空気の中に油があるクリーンでない給油式スクリュウ圧縮機である。歴史的には、スクリュウ圧縮機は空気の中に油のないドライスクリュウが最初に開発されたが、技術的ハードルが高く、普及しなかった。その後、空気の中に油を入れる方法を発明して、加工精度の課題や錆び問題、製造コスト等の課題が解決できて、一挙に普及し、従来のレシプロ圧縮機を駆逐し、現在、需要が最も大きい15〜75 kWの市場を独占している。なお、業界では油が圧縮空気にないタイプを、無給油式とかオイルフリーとよんでいる。

　各機種の市場分布割合は第1図に示す通りで、給油式スクリュウは国内の総消費電力の消費も15〜75 kWが一番大きい。

(1)　給油式圧縮機の長所と課題

　冒頭に記したように、給油式スクリュウはドライスクリュウ（オイルフリー）に比較して、同じ出力で、圧縮内部での漏れが少なく、油で圧縮空気を冷却できるので1段圧縮で7Barまで圧縮できて製造コストが非常に安価。勿論2段圧縮にした方が効率は良くなる。なお、この分野は技術的難度が低いので、実は効率の向上は省エネが熱心な中国の方が日本より進んでいる。つまりこの分野では日本は何と中国に抜かれてしまった。

　製造コストが安価ゆえ、市場価額も低く一般動力用市場に普及したのだが、クリーン化という視点では、圧縮空気中の油のクリーン化（除去）は難度が高い。当方、紡績会社で、給油式とオイルフリーと別々に使用している現場を歩いたが、給油式使用の工場内の空気は油煙で曇っており、クリーンでなかっ

た。オイルフリー使用の工場の空気は澄んでいる。末端の空気使用側でフィルタを使用するのだが、その濾過精度やメンテが課題となる。応急的には、使用した圧縮空気を大気に直接開放せず、ガラス等で密閉する等の処置が必要である。

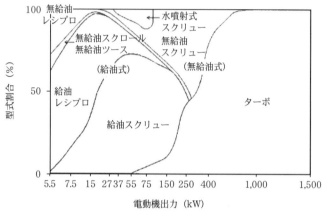

第1図　圧縮機の市場占有率

　圧縮空気中の油分をオイルフリー並みに除去するには、フィルタを精度の粗い順から、直列に3種類設置する。理論的には一般大気よりクリーンにすることは可能である。その費用とメンテノの面倒さを考えると、オイルフリーの圧縮機を採用すべきである。またドレンには油分があるので、そのまま排水できず、油分の処理も必要。実際には化学会社、半導体、空気分離装置、計装空気等クリーンエアを必要とする用途には給油式は使用されない。

(2)　オイルフリー

　上記の理由から、日本ではクリーン化が進んでいて、100 kW以上の圧縮機の市場はオイルフリーである。この分野で、ドライスクリュウは75〜250kWで、それ以上はターボ圧縮機が市場を独占している。なお省エネには直接関係ないが、ドライスクリュウは加工難度が高いので、当方が常駐していた中国では圧縮機本体の国産品は普及せずドイツ製がほとんどである。またターボ型も高速回転機械で技術難度が高いのでキーハードは輸入品。

エアコンプレッサ設備の省エネ

(1) 空気源の省エネ

① 圧縮機の大型化による省エネ

　第2図のごとく大きさが大きくなるほど、効率が良くなる。1,000 kWを超えると、良くなる率は小さくなる。従って、複数の小型圧縮機を集約して、台数を減らすことが省エネになる。因みに75 kW 8台を600 kW 1台に集約すると約25％の電力削減になる。圧縮機の効率向上だけでなく、圧縮機を駆動するモータも大型化により効率が良くなる。上記の例で、3〜4％の効率が良くなる。

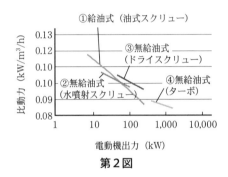

第2図

　また、省エネ効果ではないが、台数を減らすことによるメンテナンス費用が大幅削減できる。実はこの金額は非常に大きい、上記例では約1/5になる。

② 運転圧力を下げる省エネ軸動力の理論式を示すと

＜軸動力の理論式＞

$$Lad = \frac{Q_s P_s}{0.06} \cdot \frac{(i+1)n}{n-1}\left[\left[\frac{P_d}{P_s}\right]^{\frac{n-1}{(i+1)n}} - 1\right] \quad\cdots(1)$$

Lad　：理論断熱動力 （kW）

P_s　：吸入空気圧力 （絶対圧力)(MPa)

P_d　：吐出空気圧力 （絶対圧力)(MPa)

Q_s　：吸入状態に換算した空気量 （M³/min)

n　：空気のボリトロープ指数

i　：中間冷却器の数

上記の式(1)の通り、理論消費動力は吐出圧力の高さに直接関係する。運転圧力が0.69 MPa（7 kg/cm²）の時、0.098 MPa（1 kg/cm²）下げると、約7%の理論動力が下げられる。それだけでなく空気漏れも減らせる。

＜漏れ量の理論式＞

$$Q ≒ 120 × S × (P_1 + 0.1) \sqrt{\frac{293}{273 + t}} \qquad \cdots (2)$$

Q : 空気漏れ量（dm³/min）（ANR）

P_1 : 配管・機器内の空気圧力 （MPaG）

t : 空気温度（℃）

S : 漏れ開口部の有効面積（mm²）

(直径d mmの円孔の場合は、×0.9(流量計数)で概略計算する。)

この場合は漏れ量が7/8になり、つまり12.5%減る。漏れ量は一般的には20%で、これを使用して計算すると、2.5%となり、圧縮機の消費動力削減分と合計すると、約9.5%の省エネになる。

1. 運転圧力の下げ方

1.1 現状把握

手順として、まず末端の使用圧力と圧縮機の運転圧力の差を把握する。目標として、その差を0.1 MPa（1 kg/cm²）以下にする。つまり、末端使用圧力が0.4 MPa（4 kg/cm²）なら運転圧力を0.5 MPa（5 kg/cm²）以下にする。そのためには、どこで圧力損失が発生しているかその分布を、図面に記入する。圧力の測定はデジタル式ゲージを使用する。アナログ式は誤差が大きい。特に古いゲージは実際より高い表示が出る。それは圧縮機停止中にゲージの表示がゼロを指していないことでわかる。

当方の経験では、オリオン機械のデジタル差圧計（DGE70）が安価で非常に便利であった。

1.1.2 配管の部品の対策

a 逆止弁の選定

逆止弁の使用目的は圧縮機停止時に空気の逆流を防ぐことである。一番信頼性の高いのは、リフトタイプBである。これはレシプロ圧縮機の吸入吐出弁に使用されているので、開閉頻度の耐久性が高い。しかし圧力損失は大きい。圧力損失を下げる目的では空気通路が大きいバタフライタイプを推奨する。

b 吐出弁の選定

使用目的は停止時に全閉とし、確実にエアの逆流を防ぐためで、全開と全閉

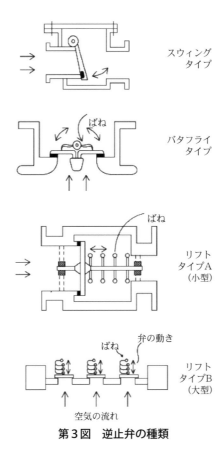

第3図　逆止弁の種類

しか使用しない。つまり容量調整のための途中の開度はない。従って、圧力損失が大きく本来容量調整が目的の玉形弁を吐出弁として使用してはならない。また、玉形弁と仕切弁は開閉にハンドルを回す回数多く、操作性が非常に悪い。配管工事会社はそうしたことを知らないので、現実にはこれらの弁が使用されるケースが非常に多い。

　当方の推奨は3B（80 mm）まではボール弁、4B（100 mm）以上はバタフライ弁である。レバーの位置で開閉がわかり、操作も簡単で販売価額も安価。ただ注意していただきたいのは、ボール弁にレジュースドボアとかいう内部通路が細くなっているタイプがある。フルボアという、内部通路が細くなっていないタイプを選択すること。

c　ラインフィルタ

　ドライヤの上流にラインフィルタが設置されている場合が多い。油式圧縮機で吸着式ドライヤを使用する場合は吸着剤に油が付着すると吸着性能が落ちるので、ラインフィルタは必要であるが、冷凍式ドライヤでは不要である(ドライヤメーカーに確認済)。

　フィルタの設置は圧力損失を増加させて、反・省エネである。圧縮空気使用側の末端のフィルタで十分である。フィルタを業者がつける理由は、エレメントの寿命交換が商売になるからである。当方が省エネ診断した工場は、フィルタのバイパス弁を全開にするか、エレメントを撤去している。

d　ドライヤ

　選択する時、露点だけでなく、圧力損失も保証させるべきである。

　当方の基準では圧力損失は最大0.02MPa（0.2 kg/cm^2）。省エネドライヤとし

玉形弁（グローブ弁）(globe valve)

ボール弁（ball Valve）

仕切弁（ゲート弁）(gate Valve)

バタフライ弁（butterfly valve）

第4図　バルブの種類
（出典：（一社）日本バルブ工業会）

て圧縮機の吐出温度で吸着剤の再生を行う商品があるが、圧力損失が0.05MPa
（0.5 kg/cm²）と大きく、その圧縮機の損失電力は、冷凍式のドライヤの冷凍
機の消費電力と差がほとんどなく、省エネになっていない。このドライヤだけ
でなく、寸法が小さいドライヤは内部の流速が速いため、圧力損失が大きくな
る。特に廃熱を使用するドライヤでは、エアが吸着剤を再生工程と吸着工程で
２度通過するので、圧力損失は通常の２倍になる。本当に省エネを達成するた
めには、エアの吸着剤の流速を下げて、圧損を減らすために吸着剤や圧力容器
が大型となる。省エネの達成のために、まずドライヤの現実の圧力損失を確認
すべきである。

e　配管の圧力損失の検討

　管の圧力損失は、圧縮空気流量の２乗に比例し、絶対圧力に反比例する。ま
た配管は通常一本の配管ではなく複数で複雑ゆえ、手計算するのでなく、計算
ソフトを使用することを推奨する。SMC㈱が無料で公開しており、ホームペー
ジから簡単にダウンロードできる。このソフトは複雑なループ配管でも計算で
き、非常に便利である。

　以上のチェックを実施して、実際の圧力分布や圧力損失を配管図に記入し
て、圧力損失の大きいところから対策を立てる。

1.1.3 運転圧力を下げる

a　圧力一定制御

　従来のプレッシャスイッチによる負荷無負荷制御は制御の巾を0.05 MPa(0.5
kg/cm²）以上とると、平均運転圧力は最低保証運転圧力より0.025 MPa(0.25
kg/cm²）高くなっている。圧力一定制御ができれば平均運転圧力を最低保証
運転圧力に近づけることができる。

　インバータが安価になって普及したので、日本のスクリュウ圧縮機は出荷の
半分以上がインバータ仕様となり、エア使用量に応じて回転数を変化させる圧
力一定制御が一般化した。平均運転圧力を下げられるだけでなく、吐出量ゼロ
でも電力を消費する無負荷運転を減らすことができる。

　また、スクリュウ圧縮機は通常、定格仕様流量が最高効率でなく、最高効率
点が定格仕様流量より少流量にあるので、減量運転の方が効率の良い場合が多
い。

b　同時絞り制御

　台数制御は無負荷運転の台数を減らすのが目的で、複数台の内１台だけ、容
量調整を実施するのが一般的であるが、複数台圧縮機を同時に容量調整制御
する方法を「同時絞り制御」と称し、この方法の方がトータルの効率が良くな

る。大型のターボ圧縮機で実施されていた。

詳細は「すぐ役立つ製造現場の省エネ技術　エアコンプレッサ編」pp.57-59
参照。

筆者は数年前、この発明の特許が切れたことを確認して、省エネ改造でスラ
イドベーン付きの給油式スクリュウでも実施した。インバータ使用のスクリュ
ウは通常100%負荷より、70～90%負荷の方が効率がよいので、この方法を採
用することがよりさらに省エネになる。

1.2 吸入温度を下げることによる省エネ

理論空気動力は以下の式(3)で導かれる。

$$Lad = \frac{kG}{k-1} R \cdot T_1 \left[\left[\frac{P_2}{P_1} \right]^{\frac{k-1}{k}} - 1 \right] \qquad \cdots (3)$$

Lad　：理論動力

k　　：空気の断熱指数

G　　：重量流量

T_1　：吸入温度（絶対温度)

R　　：ガス定数

P_1　：吸入圧力

P_2　：吐出圧力

この式(3)により、理論軸動力が吸入温度T_1（絶対温度）に比例しているこ
とがわかる。吸入空気温度を下げることが省エネである。つまり、１段圧縮
の場合は、理論的には機械損失を無視すると、3℃下げれば約1%省エネにな
る。２段の圧縮機は２段の吸入温度を下げれば、その段の動力も理論的に下が
る。しかし実際には、給油式スクリュウの場合は油の温度を下げられないの
で、２段の改善はできない。また、ドライスクリュウはインタクーラでドレン
が発生すると、それを吸い込んだロータが損傷するので、エンクロジャー（防
音の箱）に２段入口温度の限度が注意事項として記してある。またピストンリ
ングにカーボンを使用したレシプロ圧縮機は、ドレンを嫌ってカーボン保護の
ため、むしろ高い温度に設定している。ターボ圧縮機はインタクーラの冷却能
力を上げて（具体的には水量を増加して）下流段の省エネ達成が可能である。

吸入温度の下げ方だが、屋外からダクトで直接外気を圧縮機が吸入するのが
よい。ダクト設置が不可能なら、圧縮機の吸入口をできるだけ換気用の吸入ギ
ャラリーに近づけ、また、水冷式圧縮機で最大の発熱源である駆動モータの排
熱（通常一番排熱量が大きい)の排出するための換気を工夫する。空冷式圧縮
機は廃熱量がモータ出力の110%以上あり、必ず全廃熱を排気ダクトで屋外ま

で排気すべきである。新設のターボ圧縮機の場合は、当方はモータの廃熱の室内拡散を無くすため、水冷のモータを使用している（1,000KWの空冷モータを使用の場合、モータの効率を95％とすると、50KWのヒータが圧縮機室にあるのと同じである）。

詳しくは、「すぐ役立つ製造現場の省エネ技術エアコンプレッサ編」pp.65-73参照。

1.3 モータの効率

当方冒頭で書いたが、当方はユーザーサイドの立場で、メーカーの都合の悪い話を書く。当方が使用していた2ポールの500〜1,200 kWクラスのターボ圧縮機のモータは40年前、効率は96％でした。ところが、モータメーカーは効率より製造コストを優先し、絶縁階級を上げ小型にして冷却ファンの出力を上げ、銅の代わりにアルミを使用して電気抵抗ロスを増加させ、効率を悪くしてしまった。

40年前は効率の指定をしなくても、96％の効率のモータを購入できたが、4年前、日本では効率の指定をして余分にお金を払っても95.5％のモータしか買えなかった。しかし、中国・台湾・韓国では40年前の日本と同じで効率の良いモータを購入できた。

なぜだろうか。

実は日本のJIS-Bに圧縮機の性能（モータ出力ベース）の規定があるが、実際の電力消費であるモータ入力の規定がない。圧縮機のメーカーの仕様書はモータ入力でなく、モータ出力（圧縮機の軸動力という）でユーザーと契約している。モータの効率が悪くてもわからない。「省エネ先進国」中国では、給油式スクリュウ圧縮機の規定で、日本と違い、本当の消費動力つまりモータ入力で決めている。

また、日本には50 Hzと60 Hzの2種類の周波数がある。10年前以上前の話だが、あるモータメーカーは50 Hz用のモータしかなく、60 Hzには50Hz用のモータをそのまま使用していた。つまり、モータ冷却ファンは20％回転数が早く、過剰冷却でファンの動力消費が大きく、全体効率が低下した。

以上、当時モータメーカーは効率向上より、コスト削減を優先していたことがわかる。

2015年の幕張のモータショウでモータのメーカーの営業曰く「長谷川さん、お久しぶり、当社は40年前の効率に戻りましたよ！」[注]。

こうした話はメーカーがずるいと断定するのではなく、モータ効率に関して

注：2015年に日本のモータの規定がIE3にグレードアップされ、世界の標準にやっと追いついた。

ユーザーの関心が薄いのが原因と反省すべきだろう。圧縮機メーカーの仕様書にモータの効率が記入していなくても確認し、効率改善を要求する必要がある。

1.4 熱回収

圧縮機の理論動力は下記の式(4)で表すことができる。

理論軸動力＝Cp＊ΔT＊G　　　　　　　　　　　　　　　　　…(4)

Cp　：空気の比熱
ΔT：温度上昇
G　：重量流量

消費動力は全て空気の温度上昇になる。実際にはモータの損失や圧縮機本体の機械損失が油の加熱になるが、空気の圧縮だけを考えると、空気の加熱になる。

読者の中には、圧縮された空気はエネルギーを持っているので、全部が熱エネルギーになるのは納得できない人もいると思う。

空気の持つエネルギーは式(5)で表される、

E＝R/(n－1)＊T＋APV　　　　　　　　　　　　　　　　　　…(5)

ボイルシャールの法則では

$P_1V_1=P_2V_2$　　　　　　　　　　　　　　　　　　　　　　　…(6)

つまり$AP_1V_1=AP_2V_2$で圧力の高い空気と大気の空気と所有するエネルギーの大きさは同じなのだ。圧縮による空気の持つエネルギーの増加は温度上昇分になる。しかし、読者は圧力のある空気はエアシリンダで膨張する時仕事をするではないか。所有エネルギーは同じではないはずと思う。

実は圧縮空気が仕事をする時、断熱膨張して空気の温度が下がるのである。この断熱膨張の原理を利用して、圧縮空気タービンでエネルギーを回収し、低温の空気をつくり、液化して空気分離をしている。ドイツのリンデという会社がこの原理を使用して空気分離装置を発明した。

ということで、1,000 kWの圧縮機は空気冷却器の冷却水で回収した約1,000kWのエネルギー（熱）を通常クーリングタワーで大気に捨てている。35年ぐらい前、当時から省エネに熱心なトヨタ自動車から、この熱を空調に使用したいと提案があり、1,200 kWクラスのターボ圧縮機で温水回収を実施した。

回収温度が高い場合は、吸収式冷暖房器で年中冷暖房に使用し、低い場合は

ラジエイターで冬場だけ暖房に利用する。

　配管工事の設備費が必要ゆえ、日本の場合500 kW以上でないと投資回収が難しい。なお、日本では給油式スクリュウ圧縮機の温水回収は見ないが、「省エネ先進国」中国では非常に一般的に温水回収が実施されている。通常、風呂や食堂に使用されている。圧縮機メーカーでなく、専門の省エネ工事会社が存在する。

(2)　圧縮空気使用側での省エネ

①　エアブロー

　一般機械加工工場では、エアの使用量の50%がエアブローである。油切、切粉飛ばし、水切、冷却などに使用されている。

　この用途はノズルの最適化によって30～50%の空気の消費量を削減できる可能性がある。基本的にはワーク（対象物）の衝突圧一定で最適化を計る。詳細は小根山尚氏著「空気圧システムの省エネルギー」を参照願いたい。当方は彼を訪問して、この本の内容を議論した。またはSMC主催の講習を受講することを推奨する。当方は2度も受講している。

　この技術の習得には、かなり勉強する必要があり、時間や余裕のない人は、デンソーエムテック（ホームページ：http://www.denso.mtec.co.jp/）に依頼するのが簡単ゆえ推奨する。

　エアブローのノズルの必要圧力は10～20 kPaで、ワークの必要衝突圧は5～10 kPaであるが、通常は間欠ブローゆえ、圧力の高いエアを使用している。だが、水切などは連続ブローがある。この場合はエアの使用を止めて、ルーツブロアーに切り替えると大幅な省エネになる。ルーツブロアーメーカーのアンレットはテスト装置を貸し出ししているので、事前にテストして上手くいくか確認が可能で便利。

　上記で述べたように、エアブローは実際には0.1 MPa（1 kg/cm^2）の圧力があれば十分だが、間欠ブローゆえ、現実には圧力の高いエアを使用している。当方は間欠ブローでも圧力の低いエアを使用する間欠ブローの集合化の発想で「低圧空気供給システム」を発明し特許が成立している。是非ご利用を検討願いたい。詳細は「すぐ役立つ製造現場の省エネ技術エアコンプレッサ編」(日刊工業新聞社)の「スマートグリッド・パイピングによる省エネ」の項を参照方。

②　エア漏れ対策

1.1 漏れ量の検出

　一般工場では約20%のエア漏れが発生している。確認の方法としては工場の操業の停止時に、圧縮機を運転し、必要圧力維持するのに必要な流量がエア漏

れの合計である。

漏れ箇所の検出には、人間の耳の使用も紹介されているが、人間の耳の能力は8,000 Hzまでで、エア漏れの中心周波数は40,000 Hzであるので耳には限界があると思う。市販の検出器は40,000 Hzを検出している。ただしその市販の検出器は実際の正確な漏れ量が表示できない。つまり検出して対策しても、残念ながら、その成果がわからない。

TTSという会社は漏れ量を検出し表示する計器を開発し、漏れ測定をビジネスにしている。当方、この計器を色々な漏れ方の種類で検定したが、表示がはほぼ正しく、省エネ成果が判定できることがわかり使用した。成果を金額で報告したい方に勧める。

1.2 簡易対策

上記の検出による漏れ対策とは異なり、どこで漏れているか不明でも、現場のブロック毎に、止め弁を設け、設備稼働中止時に止め弁を閉にすることによって、停止中の漏れを防ぐ。止め弁は、ボール弁またはバタフライ弁を使用し開閉が容易に見てわかるようにする。

夏場の応急対策 (夏場のエア不足対策)

一般工場では、夏場は圧縮機の吸い込み温度上昇が原因で、吐出流量が減少し、通常冬場の吐出空気量に比べて10〜20％のエア不足となっている。予備機の余裕がない場合の応急対策が期待されるので、下記提案する。

(1) 吸入フィルタエレメントの清浄または交換

フィルタが経年でゴミを蓄積すると、結果として圧力損失が増加する。100mmAqの増加で、約1％の吐出量が減少する。エレメントの清掃または交換で吸入抵抗を減少させることで、吐出量の増加ができる。

(2) 吸入温度を下げる

(1-2) 項では「吸入温度を下げることによる省エネ」に対策を詳細記したが、圧縮機が室内の空気を吸入している場合は、ダクトで外気を直接吸うか、室内の換気改善を検討する。1段圧縮の場合は3 ℃の低下で約1％の吐出量を増加できる。日中炎天下では圧縮機室の吸入空気吸い込み側の屋外の地面に散水してみてはいかがだろうか。当方は実施した経験がない。実際にやってみて、何度下がるか結果を教えていただきたい。なお、2008年に当時名古屋大学の長谷川豊教授と［霧］で試験したことがあり、省エネ達成を確認できた。関心のある方は当方の本「すぐ役立つ製造現場の省エネ技術　エアコンプレッサ編」p.70を参照方。

(3)　インタクーラの清掃
①　ターボ圧縮機の場合
　ターボ圧縮機の場合、2段、3段の入口温度が低下すると、性能において、流量および圧力が大きくなる。インタクーラを清掃しその冷却能力を増すことによって、吐出流量を増加させることができる。通常は管内水で水室カバーを外すと、チュウブが見え、掃除棒で簡単に清掃できる。空気側はプレートフィンで熱交換しているので面積が大きく、圧力損失も少ないので、応急処置としては掃除は不要。なお、容積型の圧縮機は2段の吸入温度の変化では、理論的には吐出量の変化はない。

②　ドライスクリュウの場合
　最近の機種は効率を良くするために、ターボと同様、管内水のインタクーラを使用した新機種も発売されているが、従来のタイプは効率より、コスト優先で管内空気インタクーラがほとんど。このタイプは流速が速いので圧力損失が大きい。汚れで管内の通路が細くなると流速がさらに速くなり、圧力損失がさらに増加する。応急処置として、管内を掃除棒で掃除して抵抗を減らす。

(4)　本体の清掃（ターボ圧縮機）
　ターボ圧縮機は翼（インペラー）で空気に速度エネルギーを与えて、その後減速装置（デフューザー）減速して圧力に変換する構造ゆえ、空気の通過速度の速い翼（インペラー）および減速装置（デフューザー）の表面の粗さが性能に大きく関係する。表面が汚れると摩擦損失が増加し効率が悪くなる。従って、吸入フィルタはスクリュウ等に比べると、濾過精度は非常に高く、濾過面積も10倍以上大きくしている。ガスタービンも同じ理由で、汎用ターボよりさらに大きく、自動巻取りフィルタを使用する。舶用のエンジンのターボチャジャは、定期的に水をかけてインペラを洗浄している。
　以上の事情で、夏を迎えるに当たって、翼（インペラー）減速装置（デフューザー）の表面を清掃することによって吐出流量を回復させることができる。

(5)　吐出圧力を下げる
　容積型圧縮機は圧力を下げると内部リークが減り、容積効率が上昇し、吐出量が増加し、ターボ型も性能特性で吐出量が増加する。配管のリークも使用圧力の絶対圧力に比例して減少する。どうやって下げるかは前章を参照方。

(6)　冷凍式ドライヤの露点を上げる
　機械加工工場の動力用エアはエアブローやエアシリンダが用途で、使用側でドレンが出なければよい。つまり、使用側の室温のマイナス5〜10℃の露点でよい。詳しくは墨田施設（ハイグロマスター）の説明を見ていただきたい。例えば、夏場圧力下露点10℃を20℃にすると、運転圧力0.69MPa（7kg/cm^2）ベ

ースで蒸気量が0.93 g/m³増加する。この蒸気もエアと同様仕事をする。勿論ドライヤの消費電力も大幅に削減できる。

おわりに

　本内容は当方の著作「すぐ 役立つ製造現場の省エネ技術　エアコンプレッサ編」(日刊工業新聞社) を要約したもので、空気圧縮機や圧縮空気の省エネ技術の詳細を知りたい方は、この原本でご確認願いたい。

8. トヨタの空気圧縮機の省エネ歴史

はじめに

　一般製造業では、空気圧縮機は電力消費の約20％を消費し、日本の電力代は世界で一番高いので空気圧縮機や圧縮空気の省エネは、日本の製造業にとって非常に重要なテーマである。

　今回、本書「技術者のユーザーとの交流方法」で紹介した、日本で一番熱心に省エネを実施されたトヨタ自動車の製造工場での実績を報告したい。

圧縮機の歴史（レシプロからターボへ）

　トヨタの工場の歴史は、1937年11月に本社工場が竣工し本格的に乗用車およびトラックの生産が開始された。その後、アジアで最初の乗用車専門工場である元町工場が建設され、1959年からクラウンの生産が開始された。そして現在では愛知県内の11工場と日本および全世界の多くの関係会社の工場において車およびその部品が製造されている。これら工場において圧縮空気は重要な動力源で、多くのコンプレッサーが設置されている。

　当方（以下、当方)が圧縮機メーカーIHIに入社したのは1968年で、当初はドイツのGHH社の無給油式スクリュー圧縮機を勉強していた。その後、米国JOY社との合弁会IHI JOY社に出向し、ターボ式圧縮機を担当することになった。

　一方、当時のトヨタはIHIの星型４気筒２段レシプロ圧縮機のツインタイプ（２台の圧縮機を１台のモーターで運転）であるWN114K-950kW（米国JOY社よりIHIが技術導入）を主力機として使用していた（写真１参照）。

　WN機は抜群に効率が良く信頼性が高い機種で、米国だけでなく日本の工場に広く普及していた。他社の水平式のレシプロ圧縮機より効率が良いだけでなく、据付面積が小さくコンパクトなので、抜群の競争力を持っていた。汎用圧縮機の最大の大きさは450kWで、空気使用量の多いトヨタではそのツインタイプの950kWが最も多く採用された。しかしその後大容量の市場は米国では、ターボ型が普及した。ターボ式は高速ゆえ、寸法が更に小形になり据付面積が小さくなったという長所と、レシプロのように吸入及び吐出バルブやピストンリング等の消耗部品がないので部品交換が無く、メンテナンスコストが安価という長所で普及した。日本でもIHI JOY社が日本で国産化に成功し、日本の市場

WN114Kレシプロコンプレッサー

WN114K-950kW　ツインタイプ

写真1　IHIのWN114Kレシプロコンプレッサー

に参入した（1973年）。トヨタには、下山工場（エンジン工場）にターボ圧縮
機TA26-450kW（Pd＝8.0kg/cm²）を初めて納入した（1974年2月）。その後、
元町工場（クラウン等の組み立て工場）にターボ圧縮機TA70M4C-1,500kW
（1974年6、7月）を2台納入した（写真2参照）。日本国内の汎用ターボの
最大の大きさは、当時7.0kg/cm²ベースで1,200〜1,500kWでトヨタの新工場に採
用された。

写真2　元町工場ターボ圧縮機TA70M4C

　その後当時トヨタの最新鋭工場である衣浦工場（トランスミッション製造、
1978年）や田原工場（自動車組立、1979年）が立ち上がり、トヨタでは初めて
レシプロレスの工場として、多くのターボ圧縮機が納入された。

トヨタの圧縮空気の省エネ活動の基本的な考え方

　トヨタでの圧縮機の省エネを進めることは、1980年以降、当方のトヨタのエ
ンジニアとの出会いは、圧縮機を含めた圧縮空気の省・少エネルギーを進める
上で大きな変換点となった。当方は、圧縮機およびその補機設備の知識は高か
ったが、圧縮空気の消費設備や空気の送気方法はユーザーであるトヨタの方が
経験豊富で、それぞれの強みを共有してウイン・ウインの関係で省エネを推進

してきた。

　特にトヨタでの省エネを進める上で、必ず理解する必要があるのがトヨタ生産方式をベースにした少エネルギーと、必要な圧縮空気を必要なときに必要な質（圧力、露点、オイルレス等）で必要な量だけ使用設備に供給するジャストインタイム（以下、JIT）供給の考え方である。

(1) 「省エネ」と「少エネ」

　先ず第1点目の「少エネ」であるが、トヨタでは「省エネ」と「少エネ」を使い分けている。簡単に「少エネ」について説明すると、目的指標（車生産の場合生産台数、空調なら空調される人の数等）を説明変数Xとした場合、目的変数であるエネルギー使用量Yは、Y＝aXとなることをあるべき姿とする考え方である（第1図参照）。

　省エネは、説明変数である生産台数などが同じでもエネルギー消費量が低くなるいわゆる高効率機器の導入のような場合に使われている。この考え（少エネ）に基づくと、例えば生産をしていないときは、Xがゼロであるのでエネルギー使用量Yもゼロにしなければならない。またフル生産の時100の電力を圧縮機で消費しているとして生産台数が半分になれば、電力使用量を50にしなければならない（第1図参照）。

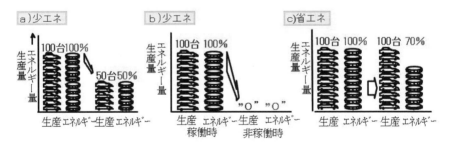

第1図　少エネと省エネの違い

　これを達成するためには、先ず消費設備側の圧縮空気の消費量と車の生産台数がY＝aXとならないといけない。さらにコンプレッサー側は、Yが電気使用量でXが空気発生量とすると電力使用量Y＝aXとならないといけない。しかし実際にターボ圧縮機で空気を送気している場合、生産がゼロとなり吐出空気量がゼロになったとき、最も効率的な定風圧＋ON・OFF制御方式を採用してもアンロード電力が発生しY＝aX＋bとなり、あるべき姿とギャップが生じてし

まう。このギャップの理想は、ゼロにすること（すなわちb＝0）、またたとえゼロにできなくてもできる限りゼロに近づける努力を継続して行うことが大切というのが「少エネ」の考え方である。当時トヨタが、レシプロを大切にしていた理由をよく聞かれたが、その答えとしてフルロード時の効率の良さはもちろんのこと吸入弁開放式の段数制御によりパーシャル負荷がターボと比較してより良くY＝aXに近かったことが上げられる。これらのことを考慮してターボ圧縮機の良い点を生かしつつ、パーシャル負荷や無負荷動力をIHIに改善して頂いたことにより、衣浦、田原工場でターボの導入が実現した。

　その代表的な事例が、ティルティックパット軸受けを採用していたことによる無負荷動力のミニマム化とインレットガイドベーンを活用した、連続制御域の拡大とパーシャル負荷時の効率改善である。トヨタに導入されたターボ圧縮機は、ほとんどが「定風圧＋ON・OFF制御」（デュアル制御）である。

　この制御は、圧縮空気の要求量が少なくなった場合、吸入側の流量を絞りサージングラインまで圧力制御を行いサージングライン手前でサージングを回避するために放風弁を全開にし、吐出圧力を大気圧にして吸入弁を最大限絞り、アンロード状態に入る制御である（第2図参照）。

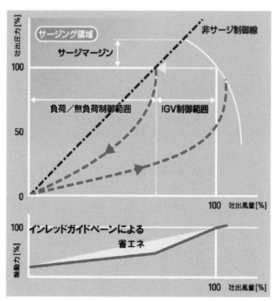

第2図　定風圧＋ON・OFF制御」（デュアル制御）

　このアンロード時の電力使用量は、吸入側をできるだけ絞ることにより低減できる。当時他社のコンプレッサーにおいて、吸入側を極限まで絞ると軸振動が発生して吸入側を充分絞れない場合があった。これに対してIHIのコンプレッサーにはティルティックパットという分割した高速滑り軸受が採用されており、負荷変動に対応できる特性を有している。このことは、無負荷動力が小さく「少エネ」を目指しているトヨタの要望に答えたコンプレッサーであることを意味する（第3図参照）。

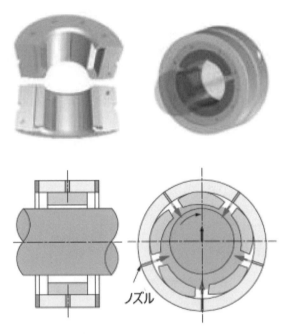

第3図　ティルティックパットの軸受

（2）　インレットガイドベーン（IGV）の採用

　従来、汎用ターボ圧縮機で減量制御には吸入側のバラフライ弁を絞る方法を採用していて、1,500kW以上の大型ターボではIGVを採用するのが一般的であった。IGVは吸入空気に旋回を与えて、インペラーの仕事量を減らしながら減量する方法で、バタフライ弁より効率の良い減量ができる。しかし、構造が複雑でコストが高く1,500kW以上にしか採用されていなかった。しかし、トヨタは、新設機において500kWクラスでの使用を要求し、1982年より使用を開始し

た。加えて、既設機でバタフライ弁を使用していたほぼすべてのターボ圧縮機においてIGVに変更した（第4図参照）。

インレットガイドベーン

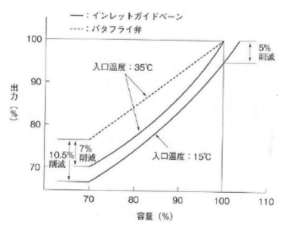

第4図　インレットガイドベーンとバタフライ弁の比較

　これは、少エネを達成するためにパーシャル負荷の効率を向上して前述のY＝aXに少しでも近づけることを目的としている。さらにターボコンプレッサーの設計が吸入温度35℃および相対湿度65％でおこなわれていることにより冬

原動力建屋

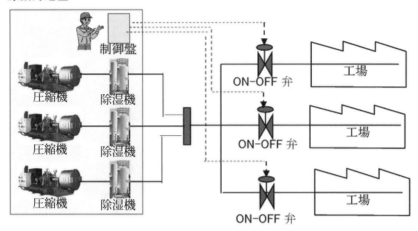

第5図　JIT供給をするための遠隔操作可能なON/OFFバルブ概要

季においては、モーターが過負荷とならないために上記設計条件での空気密度
以上では、たとえ全負荷でも吸入空気を絞る必要がある。また、インレットガ
イドベーンが省エネにも有効であることが、その採用を推し進めた大きな理由
の一つでもある。なお、現在ではIHIは1,000kW以下の汎用ターボでもインレ
ットガイドベーンが標準装備である。

（3）　JIT（ジャストインタイム）供給

　２点目のJIT供給であるが、先ず必要なときだけエアーを送気しそれ以外
は、停止することが基本である。この点において、トヨタの工場の圧縮空気の
系統は、車をつくる工程ごとに分かれており、全ての系統にON・OFFおよび
圧力制御機能を兼ねた自動弁が設置されている。そして休日等は、送気の必要
が無い系統を遠隔で停気できるようになっている。

　また機械工場においては、さらにきめ細かいJIT供給を実現するためライン
ごとにON・OFF弁が設置されておりラインの稼動・停止と連動して弁か開閉
するようになっている（第5図参照）。このシステムは、後述する各工程のメ
イン管末の圧力制御をおこなうことのできる機能も有している。

（4）　送気圧力の適正化

　次に必要な品質については、送気圧力の適正化、圧縮空気露点の適正化およ
び塗装工程などはオイルフリーなどが上げられる。ここでは、省エネに大きく
影響を及ぼす送気圧力の適正化について説明したい。圧縮空気の適正な送気圧

力は、駆動系負荷（シリンダー、インパクト、エアーモーター負荷等）と大気にエアーを放出して使用するエアーブロー負荷（エアー漏れ含む）の割合によって決められる。一般的に駆動負荷は高圧送気の方が効率が良く、エアーブロー負荷は低圧送気の方が効率が良い。例えば、エアーシリンダーが主要負荷であるスポット溶接が行われているボデー工程には、800kPaが適正圧力であるがエアーブロー負荷が多い機械加工工程の場合400kPaが適正圧力となる。このような工程による種々の要求圧力の違いを前提に圧縮機、配管を含む送気方式、および使用設備を一体として全体最適を考慮した圧縮空気供給システムの構築が重要である。

　システムを構築するにあたり、低圧送気の効果がなぜ発生するかをまず理解する必要がある。このようにいうと、圧縮機の効率が上がるから当たり前のことではないかと思われる方がいるかと思う。確かにレシプロ圧縮機やスクリュー圧縮機は、圧力を下げると圧縮空気 1 Nm^{3}を発生させるための軸動力（以下、比動力）が小さくなり効率が向上する（ただしスクリュー圧縮機は、レシプロ圧縮機ほど効率の向上が期待できない）。しかしターボ圧縮機の場合、ある一定の圧力で設計された圧縮機において、たとえ吐出圧力を下げても比動力の低減が少ない。

　それではターボ圧縮機の場合、低圧送気は意味が無いのかと言うとそうではない。低圧送気の効果は、圧縮機の比動力の減少と低圧送気によるエアー消費の減少を加えた値であるからである。このエアー消費の減少は、エアーブロー負荷、エアー漏れの比率が上がれば増加しレギュレーターを備えたシリンダー負荷が増加すると減少する。ただリリーフ機能付きレギュレーターにおいては、圧力が低くなった場合に消費量が減少する可能性がある。

　このように低圧送気によるエアー使用量の低下による効果は、エアーの消費設備やエアー漏れ量が明確でなければ把握することができない。このことは、すなわち圧縮機本体の情報のみでは効果の把握ができないことを意味し、圧縮空気供給システム全体を考慮して対策を実施することが重要となる。さらに付け加えて説明すると、低圧送気により流量が減少するので当然コンプレッサーは、パーシャル負荷となる場合が多い。したがって少エネのところで説明したパーシャル効率の向上によって低圧送気の効果も大きく違ってくる場合があり、少エネがいかに大切であるかが分かっていただけたと思う。

　次に、具体的に自動車製造工場における圧力送気の低減について事例で説明したい。

　まず適正圧力（トヨタにおいては、概ね機械工程（350〜450kPa）、鋳物工程（480〜550kPa）、プレス工程（500〜550kPa、一部750kPa〜800kPa）車体

工程（一般500〜550kPa、

　溶接機750〜800kPa）塗装工程（一般500〜550kPa、一部の塗装機700〜800kPa）、組立工程（一般500〜550kPa、大型インパクトレンチ800kPa））と現状のギャップが低圧送気の目標となる。このギャップがなぜ発生しているかネック設備を把握することが第一ステップである。ネック設備が把握できれば、幾通りかの対策をリストアップし最も経済的な対策を優先して実施する。その対策としては以下が上げられる。

①ネック設備そのものを対策する。例えばシリンダーのボア径を大きくする、エアーブローにおいてはノズルの配置、製品とノズルの距離の適正化などが上げられる。理想は、圧縮空気そのものを使わない方式に変更することである。

②送気の系統の圧力損失の低減を図る。

1. 圧縮空気送気配管径をサイズUPする。

2. 圧力損失が大きい機器を低圧損タイプに変更する。

• ストップ弁をゲート弁やバタフライ弁に変更する。

• オリフィス流量計を超音波や熱線式などに変更する。
　　　等

3. 圧縮空気消費設備内の配管系統の圧力損失を低減する。

③対策ができないあるいは対策が非常に高価である高い圧力が必要な設備がありその使用量が全体の使用量に対して十分少ない場合

1. ブースターコンプレッサーで対応する。

2. 増圧弁で対応する。

ただし設備対策をすることなく安易にブースターコンプレッサーや増圧弁を多数設置すると全体的な効率が低下する場合があるので注意が必要である。

④必要圧力によって送気系統そのものをコンプレッサー含めて分離する。

1. 工程別に概ね高圧（700〜800kPa）、中圧（500〜550kPa）、低圧（400〜450kPa）に送気系統を分離して送気

2. 各圧力系統に連絡管を設置し圧縮機の運転台数を最低とすることにより1系統送気時に比べ運転台数を増やすことなくパーシャル負荷（無負荷含む）による全体効率低下を防止する。その具体例を示したのが第6図である。

内容として低圧圧縮機のグループの効率の悪い部分負荷運転を、バイパス制御弁で高圧空気を供給することで改善する方法である。あるいは高圧系統の効率の悪い部分負荷運転に対しコンプレッサーを100％負荷で運転し、余った高圧エアーを低圧側に流し低圧側に負荷変動分を集めて制御する方法である。ど

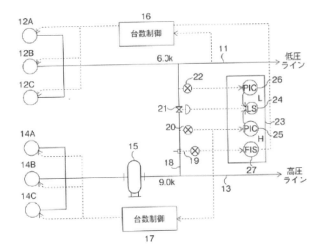

第6図　送気系統をコンプレッサー含めて分離および連絡管バイパス制御

11：低圧ライン
12A〜C：低圧側圧縮機
13：高圧ライン
14A〜C：高圧側圧縮機
18：連結ライン
21：バイパス制御弁

ちらを選択するかは、高圧系と低圧系のコンプレッサーの機種や容量によって、どちらがより効率的であるかが変わるので、この点を充分考慮して決定する必要がある（特許平5-60077（IHI長谷川和三、金谷龍吾）「圧縮機の運転台数制御方御法」を使用している。既に有効期限が切れているので、誰でも自由に使用可能）。

　圧縮機は無負荷運転では空気を吐出しないで、動力を消費する。実は圧縮機メーカーは、その無駄な動力消費量を大気放風時の無駄動力を加算した値で、正しく公表していないのが実態である（第7図の∆kW参照）。

　高圧ラインと低圧ラインがそれぞれ容量制御する場合と、バイパス制御弁でつないで一体で容量制御する場合と、どの程度省エネになるかの詳細は第1表と第2表を比較していただきたい。

　おおむね以上のような対策を行い低圧送気が実現できた後に、ターボ圧縮機の場合、設計変更の経済性検討を必ず実施する必要がある。実は、レシプロ圧縮機は圧縮機の内部圧力と吐出圧力の差は吐出弁の圧力損失の差で、微少であり設定圧力までしか圧縮を行わないので、吐出圧力設定を下げればその分比動力は小さくなる。スクリュー圧縮機の内部圧力はケーシングの出口の穴の寸法で決まり、出口圧力を下げても内部圧力は下がらず、吐出圧力設定を低下した場合、比動力の低減の効果はあるが、レシプロ圧縮機ほどの効果は期待できない。またターボ圧縮機の場合は、設計圧力を最高効率にするので、設計点以外

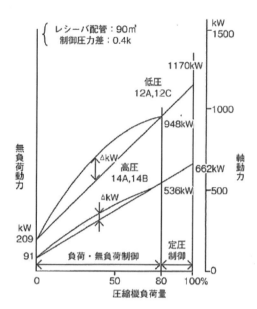

第7図　放風損失を表したターボ圧縮機の負荷動力線

第1表　高・低圧ラインの各負荷状態の消費動力（バイパス制御弁）

負荷状態			低圧の20%	40%	80%	120%	160%	200%	240%	280%
低圧	12A	(15000m³/h)	-	-	12000	15000	15000	15000	15000	15000
	L_B	(1170kW)			948	1170	1170	1170	1170	1170
	12B	(15000m³/h)	-	-	-	-	-	15000	15000	15000
	L_B	(1170kW)						1170	1170	1170
	12C	(15000m³/h)	-	-	-	-	-	-	-	12000
	L_B	(1170kW)								948
	必要量	m³/h	3000	6000	12000	18000	24000	30000	36000	42000
	供給量	m³/h	0	0	12000	15000	15000	30000	30000	42000
	合計 L_B	kW			948	1170	1170	2340	2340	3288
高圧	14A	(7000m³/h)	4500	7000	6000	7000	7000	2000	7000	7000
	L_B		477	862	567	662	662	295	662	662
	14B	(7000m³/h)		2000		5000	1000		4000	1000
	L_B	(662kW)		295		505	200		446	200
	14C	(13000m³/h)					13000	13000	13000	13000
	L_B	(1175kW)					1175	1175	1175	1175
	必要量	m³/h	1500	3000	6000	9000	12000	15000	18000	21000
	供給量	m³/h	4500	9000	6000	12000	21000	15000	24000	21000
	合計 L_B	kW	477	957	567	1167	2037	1470	2283	2037
合計軸動力（kW）			477	957	1515	2237	3207	3810	4623	5325
比較例（第2表）との比較			△288	△160	±0	△305	△10	±0	△137	±0
ON.OFF回数/hr（低圧／高圧）			0/25	0/35	0/0	0/14	0/22	0/35	0/	0/22

第2表　高・低圧ラインの各負荷状態の消費動力（台数制御）

負荷状態			低圧の20%	40%	80%	120%	160%	200%	240%	280%
低圧	12A L_B	(15000m³/h) (1170kW)	3000 515	6000 740	12000 948	15000 1170	15000 1170	15000 1170	15000 1170	15000 1170
	12B L_B	(15000m³/h) (1170kW)	-	-	-	3000 515	9000 880	15000 1170	15000 1170	15000 1170
	12C L_B	(15000m³/h) (1170kW)	-	-	-	-	-	-	6000 740	12000 948
	必要量	m³/h	3000	6000	12000	18000	24000	30000	36000	42000
	合計L_B	kW	515	740	948	1685	2050	2340	3080	3288
高圧	14A L_B	(7000m³/h) (662kW)	1500 250	3000 377	6000 567	7000 662	7000 662	2000 295	5000 505	7000 662
	14B L_B	(7000m³/h) (662kW)	-	-	-	2000 295	5000 505	-	-	1000 200
	14C L_B	(13000m³/h) (1175kW)	-	-	-	-	-	13000 1175	13000 1175	13000 1175
	必要量	m³/h	1500	3000	6000	9000	12000	15000	18000	21000
	合計L_B	kW	250	377	567	957	1167	1470	1680	2037
合計軸動力（kW）			765	1117	1515	2642	3217	3810	4760	5325
ON.OFF回数/hr(低圧／高圧)			62/30	83/34	0/0	62/35	62/14	0/35	83/14	0/22

の吐出圧力で運転しても、それがたとえ低い吐出圧力であっても比動力の向上は少ない（詳しくは「すぐ役に立つ　製造現場の省エネ技術　エアコンプレッサ編」を参照）。

　トヨタにおいては、設計吐出圧力と実際の吐出圧力の差が100～150kPa発生した場合、圧縮機のインペラーを含むエアーエンドを改造し実際の吐出圧力＝

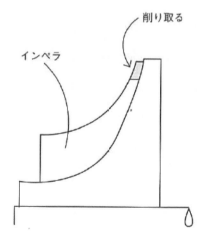

第8図　ターボコンプレッサーインペラーカット

設計圧力にしたときの効果と改造費を把握し、経済性が取れる圧縮機は全てエアーエンド（圧縮機本体）の改造を行っている。また当然新規導入のターボコンプレッサーは、そのときにおける実際の吐出圧＝設計圧力となるようにして納入しているため低圧送気が進むにつれ設計圧力が低下している。下山工場の場合、1台目のターボ圧縮機は設計吐出圧力800kpaで納入したが、2台目は効率を改善するため600kPaで納入している。そしてさらにインペラーを含むエアーエンドを改造（インペラーのカット）により、450〜500kPまで設計吐出圧力が低減されている。このように元圧の低下分に対し最大限の効果が期待できるように対策を行っている（第8図参照）。

さらにトヨタでは低圧送気の効果が、圧縮空気の消費量低減につながることに着眼し、工程間の必要圧力に差があることや使用量が低下した場合消費設備において、供給配管の圧力損失分が過剰になることを考慮して、各工程の主配管末の圧力を個別に必要圧力にするための自動圧力制御弁が設置されている（第9図参照）。

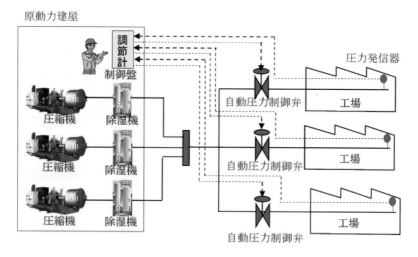

第9図　JIT供給をするための遠隔操作可能なON/OFFバルブ概要

このことは、必要なときにだけ圧縮空気を送気するシステムのところで説明した通りである。この対策は、元圧力を下げることはできなくとも各工程に必要圧力で圧縮空気を送気することにより、送気空気量を減らし、さらなる省エネを測ることを目的にしている。ただし第9図に示す各工程の全ての自動圧力

制御弁が絞り運転にならないよう元圧力を下げてどこかの工程を全開にし、過剰減圧を避ける必要がある。実をいうと機械工程の場合（実際の吐出圧力が400kPa程度の場合）、圧縮機の設計吐出の低圧化による効果が100kPの低下あたり7～8％であるのに対し、使用量の低下による効果は10～15％で圧縮機の比動力の向上分より大きい。

　以上のように圧縮空気の低圧化の効果がなぜ発生するかを理解すると、低圧送気の対策は、圧縮機から使用設備までの全体を見渡し、全体最適で実施する必要があることが理解でき結果的に効果を最大化することに大きく寄与するのである。

　ここで一つ断っておきたいことがある。上記のような改善を記載すると、せっかく一定の圧力まで圧縮したエアーを減圧することに対してエクセルギーを考慮した場合、間違っている言われることがある。確かに減圧に伴いエネルギーの質を下げるのに、何のエネルギー回収も行わないことはエネルギーのカスケード利用の観点からも正しいとは言えない。しかし種々の必要圧力に対して多くの小型コンプレッサーで対応したり、最低圧力で送気し過剰なブースターコンプレッサーや増圧弁で対応した場合、むしろ個々の圧縮容量が小さくなり全体効率が下がるという現状機器の特性上の限界が存在することも考慮に入れる必要がある。また、ただ単に減圧するのではなく何らかの回生エネルギーを得ることも考えられるが、経済的に現在の機器では成り立たない。少エネや省エネを実施する場合、常にエネルギーの本質を見つめ理想の状態を追求することは、大切なことである。しかし、現状機器での限界を知ることも重要でとにかく現状より、より良い対策であれば理論的にBestでなくともBetter Betterでスピード感を持って積み重ねBestに近づくという気持ちが大変重要である。

ドライヤー（除湿器）の省エネ

　圧縮空気の中には水蒸気が存在し、水蒸気が飽和する温度を露点と称する。一般工場では圧縮空気の中の水蒸気が問題を発生させるのではなく、水蒸気が結露して露（水の粒）が発生すると問題を起こす。一方、計装空気や塗装空気の場合は水蒸気自身の存在を嫌うので、露点を大幅に下げなくてはならない。

　実際のトヨタの工場では、一般工場動力用空気の除湿は必要以上に露点を下げないで、除湿に余分なエネルギーを使用しない省エネを採用している。墨田施設（現在のハイグロマスター㈱）が開発した冷凍機を使用しないクーリングタワー式ドライヤーや、冷凍機を使用したチラー冷却式ドライヤーにおいてもクーリングタワーと併用し冷凍機の容量を小さくしたものを採用している。

　1990年代初めからクーリングタワーと除湿器本体が一体となったタイプの導

入も行っており、乾球温度と湿球温度差分の温度差を効率的に活用している。
これらの除湿器は、露点制御を実施しなくても、そのときの外気温度とその乾
球温度の差分露点が低くなり設備が大変シンプルになる点がトヨタに採用され
た理由である（第10図、写真3参照）。

　このようにトヨタでは、必要以上に露点を下げないようにしているが、市販

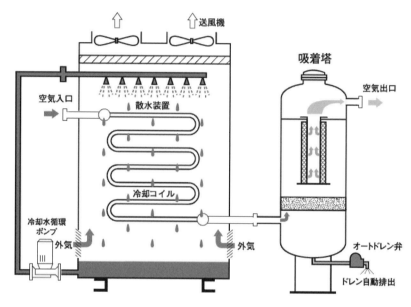

第10図　クーリングタワーと除湿器本体が一体となったタイプの除湿器概要

写真3　クーリングタワーと除湿器本体が一体となったタイプの除湿器設置状況

の汎用ドライヤー（除湿器）には外気温による露点を制御する機能が一般的には付与されていないので、必要以上に露点を下げ無駄なエネルギーを消費している場合がある。

温水回収

　圧縮機の消費動力の約95％は冷却水で回収され、通常クーリングタワーで大気に捨てられている。残りの５％はモーターの損失で空冷モーターであれば大気に捨てられる。実は圧縮機の消費動力はすべて圧縮空気の上昇熱になるのだ。常温まで冷やされた圧縮空気は、大気圧の空気と同じエネルギー（エンタルピー）しかもっていないのに、仕事ができるのはなぜか？　圧縮空気が仕事をするときは、膨張して空気温度が下がり、温度が下がる分だけ仕事するのである。冷凍機はその原理を利用している。もう少し専門的に言うとエンタルピーは、吸入条件とほぼ同じであるがエクセルギーの絶対値が吸入条件に比べて大きくなるので仕事をする。圧縮機のエネルギー収支図を見たことがある方は、エンタルピー効率がほぼゼロの圧縮機の熱収支図がなぜ存在するのかと思われるかもしれない。実は、圧縮機の熱収支はエネルギーの質を表すエクセルギー効率を中心に描かれている。

　話を元に戻すと、1,200kWのターボ圧縮機は、圧縮機およびモーターともに

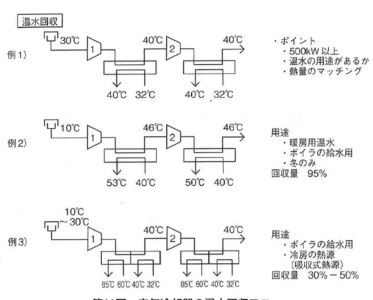

第11図　空気冷却器の温水回収フロー

水冷の場合、約1,200kWの熱エネルギーをクーリングタワーで大気に捨てている。トヨタはこれを無駄に捨てず利用することを検討し、空気冷却器の温水を利用することを考えた（第11図参照）。

衣浦新工場立ち上げ時（1972年）は、回収温水層の上に圧縮機を設置する構造を採用した。温水の利用方法としては、冬季の暖房用温水やボイラーの給水用（例2）が一般的である。この方法は最初日野自動車で使用された後、トヨタ田原新工場でも採用されて、その後本田技研、鈴木自動車、ヤマハ等数多くの自動車会社で実施された。高温の温水を回収して冬季だけでなく、夏季の冷房用（吸着式冷凍機用熱源）に使用する方法もある。

なお、中国では油式スクリュー圧縮機の温水回収が非常に普及しているが、日本では施工業者がないので、ほとんど実施されていない。

空気加熱

アフタークーラーに入る前の高温の吐出空気でドライヤーを出た後の空気を加熱（40〜50℃）して、空気の体積を増加する省エネを実施する方法である。この方法は最初トヨタ田原新工場で実施され、以後本田技研、武田薬品、ヤマハでも採用された（第12図参照）。

空気の体積は絶対温度に比例するので、例えば、ドライヤー出口温度が20℃の空気が過熱されて50℃になれば、（273＋50）÷（273＋20）＝1.10で、約10％の体積が増加し、約10％の省エネになる。10℃の温度上昇でも約3％の省エネになる。

ただ加熱後の空気温度が下がらないように、配管の保温の為のラギングが必要であるが、空気の比熱は小さく加熱後の空気配管が長いとラギングで保温し

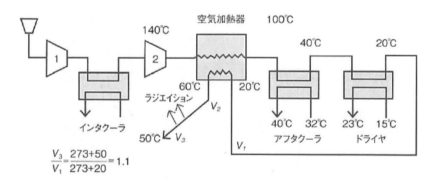

第12図　圧縮空気の加熱①

ても温度が下がってしまう。その対策方法として、圧縮空気を使用する現場近くに製造から出る排熱を温水で回収し、その熱を活用し第13図のように圧縮空気を加熱することも検討したが、採算等の問題でトヨタでは実施には至ってない。

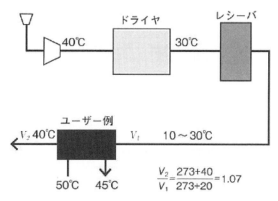

第13図　圧縮空気の加熱②

高圧空気の作り方の工夫

　「トヨタの圧縮空気の省エネ活動の基本的な考え方」項で具体的に自動車製造工場における送気圧力の低減について記述したように、一般の動力用空気圧縮機は400〜550kPaの吐出圧力であるが、塗装工程、プレス工程、車体工程、

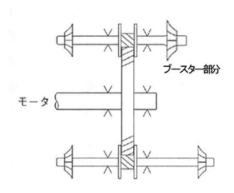

第14図　ターボコンプレッサーに追加したブースター

組み立て工程のある工場では700〜800kPaの高圧の吐出圧力が必要な設備やラインがある。従って、これらの工程には低圧と高圧の二種類の空気系統が必要である。田原工場立ち上げ時は、専用の高圧専用圧縮機を設けず、低圧用圧縮機本体の空いたスペースに圧縮機のインペラーを一個追加して、ブースター（昇圧機）として利用した。550〜600kPaから850kPaに昇圧した。

　この方法により、空いたスペースにインペラーを追加するだけなので機械損失のロスも増加せず、軸受や歯車や潤滑装置の追加もなくアフタークーラーの追加だけで、大幅なコスト削減が図られた。

同時絞り制御

　複数台の圧縮機を制御する方法を台数制御と称している。

　通常、

　①100％負荷運転機

　②停止待機

　③容量調整機

　の３種類の運転する機能を持つ。通常③を一台だけで容量制御が実施されるが、この場合負荷運転と無負荷運転を繰り返し行う必要がある。しかし、無負

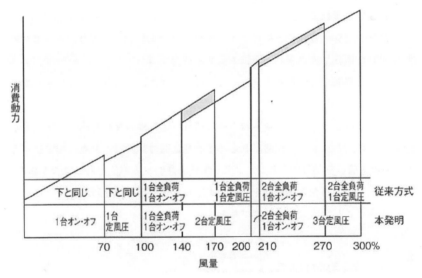

第15図　時絞り実施例

荷運転は圧縮空気を吐出しない運転であるので、無駄な電力を消費する。

　この問題を解決する方法として、複数台の容量調整機とし、同時に吸入空気量を容量制御する方式「特登2508695」IHI金谷龍吾「圧縮機の複数台並列運転方法及び装置」、が発明されて、田原工場で実施された（第15図参照）。

　例えば、従来の二台中の一台の容量制御では、空気量100％＋80％の組み合わせの消費動力は、ターボ圧縮機でIGVインレットガイドベーンを使用の場合、

$$消費動力 = 100\% + 78\% = 178\% \qquad \cdots(1)$$

　同時容量制御では、空気量90％＋90％の組み合わせの消費動力は、

$$消費動力 = 88\% + 88\% = 176\% \qquad \cdots(2)$$

となり、同時容量制御の方が合計の消費電力が少ない。

　また、制御が連続制御となる時間帯が多くなり吐出圧力が安定するという付随効果も得ることができる。

　第16図は２台同時絞りの場合と、３台同時絞りのとの差を示している。つまり台数が多い方が、更に成果が大きくなる。

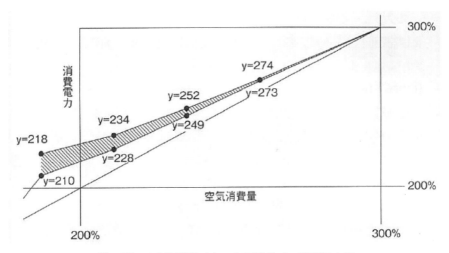

第16図　２台同時絞りと３台同時絞りの消費電力差

　以上は、ターボ圧縮機でIGV（インレットガイドベーン）を使用の場合を説明したが、スクリュー圧縮機でインバータ使用の場合やスライドベーンの場合でも類似の成果がでるはずである。通常インバータスクリュー圧縮機の最高効率点は、100％容量よりも低い回転数におけるポイントであるため複数台の圧縮機で同時容量制御することにより複数台の圧縮機が最高効率点に近い状態で運転できることとなる。そのためインバータ使用のスクリュー圧縮機には、この同時絞り制御は非常に有効である。紹介した上記特許は既に時効になっているので、許可なく使用可能である。

　なお圧縮機の世界だけでなく、複数台を台数制御している機械分野でも本発想は同様な成果が出る可能性がある。是非検討していただきたい。空調用のモジュール型スクリューチラーなどにも採用されているのは、この考え方に基づくものでる。

室温管理（モーターの排熱管理）による省エネ

　圧縮機の理論動力は下記の式の通り、吸入温度T1（絶対温度）に比例する。

$$Lad = \frac{kG}{k-1} R \cdot T_1 \left[\left[\frac{P_2}{P_1} \right]^{\frac{k-1}{k}} - 1 \right] \quad \cdots(3)$$

Lad：理論動力
k　：空気の断熱指数
G　：重量流量
T_1　：吸入温度（絶対温度）
R　：ガス定数
P_1　：吸入圧力
P_2　：吐出圧力

従って、室内吸入の場合は、室温を上げないようにしなくてはならない。

　実は水冷の圧縮機の場合、発熱源は駆動用電動機だけである。1,000kWクラスの誘導電動機の効率は95～96％で、4～5％が損失ゆえ、40～50kWのヒータが室温を加熱することになる。

　対策としては、モーターの排気口を1ヶ所にして、ダクトで屋外に排気する方法と、水冷式のモーターにするという選択がある。または圧縮機の吸入空気を屋外から直接ダクトで吸入する方法がある。その選択肢の中で、水冷モーターを使用する方法をトヨタ工場では選択した。

　第17図はターボ圧縮機でIGV（インレットガイドベーン）使用した、季節ご

との消費動力と比較したものである。吸入温度が低いと消費電力が下げられることが分かる。

　なお、吸入温度を下げる方法として、本書「発明の楽しみ方」「発明の種類」項（4）」で紹介しているが、ガスタービンでは実施されている吸入空気に水噴霧で冷却する方法がある。水滴の粒子粒を8ミクロン以下すればよいことを確認している。一応特許は未だ有効ゆえ、当方の許可を得てから実施いただきたい（特開2009.121318」IHI長谷川和三、名古屋大学長谷川豊「圧縮機」）。

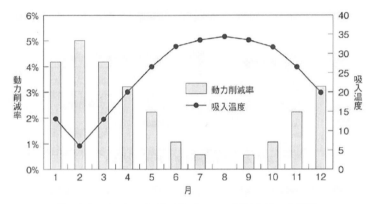

第17図　インレットガイドベーンの月毎の省エネ効果
（出典：IHIホームページ）

高速 ON/OFF 制御

　トヨタとデンソーより、ON・OFF切り替え時のエネルギーロス分を減ずるための高速切り替え要望があり、切り替え時の制御弁のスピードを速くし、ターボ圧縮機の切り替え時のサージング突入を防止する制御を開発（IHI特許出願）、アクチュエイターや電磁弁を大型にした。

　なお、圧縮機メーカーのカタログや仕様書には、切り替え時間のエネルギーロスは記述してないので（第7図参照）、ユーザーは知らないのが普通である。ただ省エネ意欲の強いトヨタやデンソーは現場でそれを見つけている。

空気漏れ対策

　圧縮空気は、漏れが発生しても水、ガスおよび蒸気のように直接的な影響がないため放置される場合が多く、酷い場合は通常の負荷の20%以上がエアー漏

れという場合もある。

　エアー漏れに対応するため、以前と比べると超音波でのエアー漏れ検知や自己融着テープでの修理など、色々な機器が提供されていて対策がやりやすくなっている。また系統別のエアー漏れを知る場合、以前はコンプレッサーの電力量調査をする必要があったが、現在は超音のようにレンジャビリティーの広い流量計により全く工場が稼働していない時間の流量をエアー漏れとして計測できるなど、大変効率的になった。

　しかしながらエアー漏れを継続的に低減するためには、系統別のエアー漏れ量の把握、機器でのエアー漏れ箇所の把握、その修理、その後の系統別のエアー漏れ量把握のサイクルを地道に回すのが重要であることには変わりがない。そしてこのサイクルを常に回すためにはエアー漏れ量の値を、圧縮空気を使用する部署に情報提供し、損失がどれくらい発生しているかの認識と対策を行ったときの効果の情報共有が、大切であるということを理解してエアー洩れ防止活動を推進する必要がある。

　超音波を利用した漏れ検出器は普及しているが、漏れ量を測定する測定器はあまり普及していない。理由は漏れ量の表示が正確で無いためだ。当方は漏れパターンを分類し、確認したところ、ネジ漏れの測定値の精度が非常に悪いことを確認できた。その対策方法を特許として出願（2020年）した。

メンテナンス

　圧縮機のメンテナンスにかかわらず、設備のトヨタでの保全の基本は、保全計画作成⇒計画に従った保全の確実な実施⇒過剰保全、設備トラブルの評価解析⇒適正保全計画へのフィードバックと言うPDCAを回すことである。

　そして適正保全へのフィードバックをするとき、例えばトラブルが発生したケースにおいては、設備を現状のまま復旧して保全周期を短くするのではなく、トラブルの真因を徹底的に追及しその対象に対して延命化などの設備改善を行い、当初の保全周期より逆に長くしコスト低減を図ることが大切である。

　IHIの1,200kW級ターボコンプレッサーを例にとると機能保全（設備トラブルを防ぐ保全）に関しては、前述した軸受けが、ティルティックパットであり接触部品も少なくほとんど故障しないのが現状である。よって、この機能保全のみを考慮した場合、50,000hの周期（メーカー推奨の３倍以上）でのオーバーホールとした実績がある。このように機能保全では50,000h故障しないので、その時間のオーバーホールでよいかというと、実はそうではない。IHIの1,200kW級ターボコンプレッサーは、性能劣化を回復する適正周期が故障による保全周期より短い（信頼性が高く故障しない設備のため）ので、性能劣化が

圧縮機のオーバーホール周期を決定している。それゆえ性能劣化を防ぐことによりオーバーホール周期を延ばすことが可能となり、省エネと保全費低減の両立が図られ、性能保全の概念を考慮することが大変重要となってくる。

このためには、先ずターボコンプレッサーの性能劣化の主要因が、なんであるかを把握する必要がある。

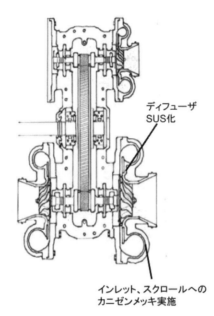

ディフューザ
SUS化

インレット、スクロールへの
カニゼンメッキ実施

第18図　ターボ圧縮機性能劣化防止のための改善

写真4　ディフューザSUS化

トヨタでの運転においてではあるが、

①ディフューザ、ベルマウスの腐食・汚れおよびインペラーの汚れ

②インタークラーの汚れおよび除湿器まで考慮した場合アフタークーラーの汚れ

の２点が大きな要因と言える。

その第１点目の、ディフューザ、ベルマウスの腐食に対しては、ディフューザは、SUS化し、ベルマウスはカニゼンメッキを施すことをオーバーホール時に実施した（第18図、写真４参照）。汚れに対しては、衣浦工場などでは、準ヘパフィルター（DOP0.3μ 97％除去）を採用している。

第２点目のインタークラーの汚れに関しては、スライムとスケールの両方を効率よく対策できる薬品処理やライトフィルター等を採用している。

エアーレス化

圧縮空気は、電気、油圧と比較して使用場所において安全でエアーブローや往復動の動力として使いやすく、使用後の廃棄場所が大気で管理も簡単である等の特徴を有し大変多くの箇所で活用されている。それゆえに、工場の自動化には欠かせない動力源の一つであることは誰もが認めるところである。

しかし圧縮空気をつくる動力は多くの場合、電気エネルギーを変換して造られているため、圧縮エアーを造った瞬間にエネルギーの質のロス（エクセルギーロス）が発生する。トヨタで最も効率の良い950kWのレシプロコンプレッサ

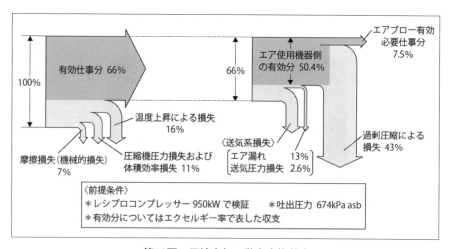

第19図　圧縮空気の動力変換効率

ーでは、吐出圧力が575kPa（ゲージ圧力）という条件で34％も発生する。すなわち、もし動力源を圧縮エアーではなくそのまま電気を使えば、理論的には34％の省エネができることとなる。

　また圧力が100kPa以下の圧縮機を使わなくても、ブロアーで製造できるような空気で対応できる水切りのエアーブローなどの用途に対して圧縮空気を製造し、それを減圧して使う状況においては、さらに大きなエネルギーの質のロスが発生している（第19図参照）。

　この質のロスを改善する手法の一つが圧縮空気レスである。さらに10章で説明した通り圧縮空気の使用には、エアー漏れが付きまといエネルギーの質以外でも圧縮空気のロスが発生する。ただこのエネルギーの質の改善は、エンタルピーの改善のように同じシステムにおいてロスを低減するというような手法では実現できない。圧縮空気の消費設備側が、どの程度のエネルギーの質を要求しているかをまず把握する必要がある。圧縮空気の場合、作った瞬間に質が低下するので圧縮空気自体を使わない方法を考えなければならない。また低い圧力しか要求していない設備に対し、高い圧力で圧縮空気を供給して減圧するような使い方ではなく、ブロアーで低い圧力のみ作るというようにシステムそのものを変える必要がある。

　私は、若い技術者にこのような話をすることがある。50階のビルで３階に行ってくださいと言われたら直接３階に行くのは、当たり前で一旦50階に行ってから３階に降りるような不効率なことをするような人は、普通はいない。

　一方で圧縮空気の使用においては、このようなことが上記で説明した水切りエアーブローにおいてまさに起こっているのである。現在エアーレスに対応する機器のコストなどにより、必ずしも実現いないことも多く、「トヨタの圧縮空気の省エネ活動の基本的な考え方」項「（4）送気圧力の適正化」で記述したようにbetter betterな改善にとどまっている。

　しかし今後あるべき姿は、熱収支に基づきエンタルピーを基本に考えたエネルギーの量に着目した改善に加えて、エネルギーの質に着目したエクセルギを考慮した省エネを推進することが大変重要である。

おわりに

　当方永年空気圧縮機の開発や圧縮機の省エネに携わってきたが、特にトヨタと共同で実施した、省人、省エネのテーマは大変勉強になった。以前にも述べたが、トヨタには、新しい提案ができなければ、メーカーの訪問が難しいという雰囲気があり、常に新しいアイデアを提案しつづけなければならない。しかし、これは当方としては大変だが、非常にやりがいのある楽しい仕事だった。

トヨタ文化を勉強することによって、仕事への取り組み方が改善できた。また、学んだ技術を他にも流用できて、ビジネスの拡大にも貢献できた。

　今回は圧縮機に関する省エネの経験を報告したが、この報告を見て省エネの内容とは別に全体を客観的に眺めていただき、トヨタの考え方の文化をぜひ読み取っていただきたい。また、当方の取り組み方も参考にしていただけると幸いである。当方、今回昔の記憶、記録やデータを探して、整理して報告することができて、非常に満足している。

＜参考文献＞
(1) 長谷川和三：「すぐ役立つ製造現場の省エネ技術　エアコンプレッサ編」、日刊工業新聞社
(2) 長谷川和三：「エアコンプレッサおよび圧縮エアの省エネの考え方」、月刊誌「クリーンテクノロジー」、８月号、日本工業出版㈱ (2016)
(3) 新たな視点での工場における少・省エネルギーの取組み、月刊誌「プラントエンジニア」、日本プラントメンテナンス協会 (2013)
(4) 森信明：全豊田エネルギー部会編者、オールトヨタの少エネマニュアル、（財）省エネルギーセンター

9. 東洋文化「共生社会」を目指す

はじめに

当方は圧縮機の技術者だが、中国での会社の立上げを命じられて、調査後2004年に蘇州に赴任したら、呉の国の首都で、文化遺産が非常に多い街で、中国文化にハマってしまい土日は観光を楽しんだ。新会社立上げを終了し、帰国後東洋大学で聴講生として13年以上中国文化を研究している。当方の経験をもとに、中国と日本と共通する東洋文化と欧米の文化との違いや、中国文化と日本文化の共通点や相違点等を説明して、日本の技術者の参考になるようにしたい。

また、日本の報道や論文は嫌中記事が多く、現代中国の実態について正しく報道していないので、一般の皆さんは中国の正しい実情を知ることができない状況だ。当方は永年中国研究しているので、当方が見聞した事実を報告して読者の役に立ちたいと思う。

なお、当方はNHK BS1の「欲望の資本主義」という番組を観ているが、西洋の科学と欲望の資本主義が、産業革命以後、世界を豊かにしてきたことは間違いないが、しかし、西洋の経済学者や哲学者は、今後はどうしたらよいのか解らないでいるのだ。西洋哲学や西洋経済では未来の幸福の解がないのだ。

一方、日下公人先生は「日本文化」すなわち

「日本の道徳」を解決策として提案している。当方は、内容は類似だが、東洋文化「中国＋日本」の儒学の「共生」を提案する。その理由の詳細を以下解説したい。

中国文化と米国文化の違い

米国のこの80年の歴史を振り返ると、常に敵国をつくり、いつも喧嘩している。第二次世界大戦、朝鮮戦争、ソ連との冷戦、ベトナム戦争、中東での戦争、最近は中国いじめの時代[1]。

一方、中国はモンゴル人の元王朝以外は、米国のように侵略したり、自分から敵国を作ってはいない。歴史では、東側の周辺国の朝鮮や日本を中国の子分

---

[1]：マーチン・ウルフ、『米「対中100年戦争」の愚』、日経新聞発行

として仲良くやってきたが、一方、西側の周辺国ベトナムは中国の属国になるのが嫌いで自立心が高く、1000年前に中国から独立しあと、仲が悪い。現代中国の習近平主席の方針は、他国との「共生」を公言し、自国主義ではない。一方、トランプ大統領は共生ではなく、自国第一主義を公言している。何故だろう？

　米国のスタートの歴史は、英国から来た白人（棄民）が、原住民（インディアン）を追い払い、土地を奪って牧場にした。牧場で牛を管理していたのでカウボーイと呼んでいる。私が子供の時観た昔の米国映画では、カウボーイが正義の主人公で、インディアンを悪人としていた。つまり、原住民のインディアンとの戦いは、侵略者の白人による原住民の土地を奪う歴史だ。この文化を、日下公人先生は略奪精神とキリスト教をセットで、「強欲」を原動力とする資本主義と書いている*2。

　一方、中国の長江（揚子江）より南側や日本の伝統は稲作文化で、住民が皆で共同で田植えや稲刈りをしている。田植えは、短時間で広い面積を一度に実施する必要があるので、個人では出来ず、短期間に10人以上の共同作業でない

三字経の本
（出典：齋藤孝、致知出版）

＊2：日下公人、『絶対世界が日本化する15の理由』

とできない。TVで田舎の中国の田植え作業を見ると、お互いに助け合い、作業の後は作業代金を払うのではなく、食事をふるまっている。つまり、稲作農民は共同作業が伝統ゆえ、自然に共生文化になってしまったのだ。

　中国では、幼児の時から「三字経」を読み、本人は自覚しなくても儒教徒になっている。「三字経」とは子供が暗記し易いように三個の漢字を並べた文章で作られ、内容は儒教で、主に孝経である。当方、蘇州の会社の社長をしている時に、秘書から「三字経」の竹簡を渡され、「これが中国文化です」と紹介された[*3]。

　中国の庶民の本屋には、「論語」と「三字経」は必ず置いてある。そして、儒教文化では、他人との関係が最も大事で、「仁」（他人への思いやり）が基本である。先日、日本語に翻訳された「三字経（斉藤孝著）」が東洋大学の図書館にあったので、あらためて読んでみたが、内容は「勉強しなさい」と親孝行の内容が多い。中国赴任時の当方の元部下に確認したが、4人中3人が子供の時に「三字経」を読んだとの回答だった。

　今回欧米文化と比較する為に、電子辞書「ジーニアス和英辞書」で、儒教のキーワードの「仁」を引いても無いし、「共生」を引いても正しい解釈がない。つまり、英米文化には「仁」も「共生」の概念を表す単語はないのだ。「忠」「信」も和英辞書にない。上海のキリスト教会に友人に誘われて、米国人牧師の説教を聴いたことがあるが、「Love」ばかりだった。キリスト教徒の英米人も汝の敵を愛せといわれて、「Love」が大事と教えられても、実際には難しいのだろう。一神教（キリスト教やイスラム教）は他人との関係より、神との関係の方が重要で、神と契約しているのだ。新約聖書や旧約聖書の「約」は契約の「約」で、翻訳の「訳」ではない。

　一方、人間関係が大事な文化の中国語では「Love」のような大雑把な単語でなく、相手によって中身が違うので、単語を「仁」「信」「忠」「孝」と仕分けしている。

　　「仁」：第三者に対する思いやり（儒学で
　　　　　は愛の本体・根源とし、最重要）
　　「信」：友人に対する関係
　　「忠」：上のものに対する関係。
　　「孝」：親との関係

＊3：詳細は、長谷川和三、『現代中国文化』、p.27

　（なお、「孝」の訓読みはない。つまり日本語には「孝」という単語が無かったのだ。中国から入った儒教文化なのだ。「仁」「信」「忠」の訓読みはあるが、ほとんど使用されていない、音読み（中国語）だけで使用している。やはり、日本人は中国文化をベースにしているのだ。また中国庶民にアンケートをとったら、「孝」を一番大事にしていることが解った[4]。

　中国では朱子学が科挙の試験の時代は、政府の官僚は朱子学を勉強し実践した。朱子学は「脩己治人」が基本で、己自身を修める道徳説と、人を治める民衆政治を兼ねている。為政者は人民の為の政治をする思想で、清朝初期（17〜18世紀末）の120年間、朱子学を忠実に実行して、清国を平和で安定した世界最大の経済大国（当時世界のGDPの1/3といわれている）にして、人口は1億人から、3億人に増加した。日本も江戸時代には朱子学が幕府の御用学問として採用され、一般武士にも普及し、末期まで安定した政治経済が続いた。

　一方、中国では毛沢東時代は儒教を一旦破棄した。しかし、日本では正しく報道されていないが、現代の習近平は昔の繁栄時代の皇帝と同様に、儒教を尊び、庶民の幸福を優先し、他国とも共生を公言している。

COLUMN

新型コロナウイルス感染：東洋と西洋の違い

　何故、東洋と西洋で感染のレベルがこんなに違うのか？西洋は東洋の10倍以上の感染だ。何故か考えて見た。

　西洋はハグしたり、キスしたり、握手する習慣があるからだろう。

　それだけでなく、推測では、西洋は狩猟民族文化ゆえ、人間や動物との接触無しでは寂しくて耐えられないのだと推測する。友人との接触や会食の回数が非常に多いのが原因と推測する。

　東洋人は農業民族文化ゆえ、植物や自然との交わりだけで、満足するのだ。当方も毎日一人の散歩で5,000歩ぐらい歩くが、森林の中を歩いたり、農場の中を作物を眺めながら歩いている。緑の植物や薔薇やツツジの花を眺めると、本当に心が癒される。

　一方、西洋人は動物や人間とのコミュニケーションがないと、心が癒されないのだろう。

　まとめると、東洋文化と西洋文化の違いは、農業文化と狩猟文化の違い

＊4：詳細は、「日本人が参考にすべき現代中国文化」p.25

で、これが人間の接触の頻度と距離の違いとなり、コロナウイルス感染率を2020年5月23日の新聞記事のデータから計算すると、米国は人口比では中国の80倍、感染死亡率は中国の87倍である。なお、日本は、感染比率や死亡比率は中国の約2倍である。中国も日本も公開データの信用性は少し怪しいが。また、インターネットで調べると、日本と欧米の犬や猫の人口当たりの保有率は、欧州が日本の約2倍で、米国は日本の約4倍である。

中国の儒教復活

(1) 儒教の破棄と復活の流れ

毛沢東時代に、儒教を一度破棄したが、現在は基本理念として使用している。経緯を書くと下記の通り。

1966年：文化大革命　批林批孔運動開始、儒教の否定

1980年代：改革開放　儒教・孔子を再顕彰

2008年：北京オリンピックに孔子と孔子の弟子が登場

2014年：孔子の誕生日を祝う国際会議
　　　　　に習近平が来賓として登場し、儒教の重要性を演説。
　　　　　「孔子の創った儒家学説及びそれを基に発展した儒家思想は、中華文明に深い影響を与えた、中国伝統文化の重要な構成要素だ」
　　　　　現在は、小学校でも「論語」の暗唱を課す。

(2) 日本から中国哲学の逆輸入（盛和塾）

15年前当方が蘇州に住んでいる時は、王陽明のことを知っている一般の庶民は全くいませんでした。本屋にも図書館にも王陽明の本が全くなかった。当方は日本に帰国する時、いつも上海の空港の本屋で、どんな本があるか確認している。10年ぐらい前、突然、王陽明の本が販売量ベスト10に入った。びっくりして購入し前書きを読むと、日本は陽明学で成功した。我々も日本人を見習って、陽明学を勉強すべきだと書いてあった。現在は本屋に王陽明の本が何種類もある。

2018年10月11日、東洋大学にて浙江省の社会科学院の銭明教授による特別講義「現代中国大陸の陽明学のフィーバー（熱）」が実施された。内容は京セラを立ち上げた稲盛和夫氏の中国での講演や、盛和塾の立上げの内容であった。この時、中国人が王陽明に関心をもったのは、稲盛氏によることだと初めて知った。

稲盛氏の中国での実績は下記の通りである。

　楊壮北京大学教授のインターネット公開の記事を紹介する。

───────────

　稲盛氏の思想は21世紀初頭に中国に導入されました。2001年に稲盛氏は天津で「第一回中日経営哲学国際シンポジウム」を開催しました。2007年には「無錫盛和塾」が正式に設立されました。2008年CCTV（中国のNHKは稲盛経営哲学についての対談形式の番組『対談』を放送しました。また、2009年には、清華大学と北京大学で講演を行い、学生たちの熱烈な歓迎を受けました。その後2010年には盛和塾北京支部が設立され、現在中国の盛和塾は日本に次ぐ規模となっています。

　『環球日報（Global Times）』の報道によると 2016年３月現在、日本国内における盛和塾は56支部、海外32支部を擁しています。中国の北京、上海、大連、青島、無錫、広州などにも支部が設立され、３千人を超える起業家と経営者が入塾しています。同時期に、曹岫云氏が翻訳した稲盛氏の『生き方』、『働き方』など十数冊の著作は中国での売れ行きがよく、わけても『生き方』はこれまでに300万部近く売れており、中国の経営者や起業家に大きな影響を与えているのです。

　稲盛氏の経営哲学は、明の時代の思想家王陽明の“知行合一”、“致良知”、“格物致知”、“利他”などの思想をルーツに持っています。

（2019.5.21）

───────────

　以上、詳細についてはインターネットで確認いただきたい。なお、盛和塾は2019年に終了している。

　また、当方が昔、上海復旦大学（上海で文系でナンバーワンの大学）の中国哲学の教授との会話で、中国では渋沢栄一の「論語とそろばん」が中国語に翻訳されて読まれていることを知った。

　以上、稲盛和夫氏や渋沢栄一氏も中国哲学の中国への逆輸出である。実は当方も中国の若者に朱子学や陽明学を講義することがある。また、当方が永年通っている日本の東洋大学でも、中国人の学生が中国哲学を学んでいる。

───── **COLUMN** ─────
敬天愛人

　「敬天愛人」が稲盛氏の自著『人生の王道』に使用されている。この言葉は西郷隆盛の『南州翁遺訓』を引用したものだが、西郷は学者でないので、「敬天愛人」を発案したのでなく、中村正直が使用した言葉を流用したのだ。中村正直は、最初は儒教を勉強したが、その後キリスト教の信徒にな

り、「Love」だらけになり、他人への思いやりは本来「仁」という言葉を使用すべきところを「愛人」にしてしまったのだろう。「敬天」も元来キリスト教の神を尊敬するという意味だと思う。尚、中村正直のことは当方の東洋大学の先輩野村純代先生が詳しい。

　以上のように「敬天愛人」という言葉は、中国や日本の儒学者が使用した言葉ではない。

　「敬天愛人」のルーツを調べると、岡本さえ著の「中国近世の比較思想」には「敬天愛人」は「建福州天主堂碑記」1655年に記載されているとある（天主堂：ローマカソリック教会）。

　インターネット情報では、「敬天愛人」という言葉は、中国の清の時代の字典「康熙字典（こうきじてん）」（1716年成立）の編纂を命じた康熙帝が額に「敬天愛人」と書き、キリスト教に与えたのが初めて「敬天愛人」が使われた起源だとされている。

　その後、日本では明治初期の啓蒙思想家であった中村正直がサミュエル・スマイルズの『自助論（ヘルプ・セルフ）』を翻訳・出版（1871年）したときに、「敬天愛人」を紹介した。

日中関係

（1）　日中関係史の学び方

　日中関係史は、ベストセラー「ジャパン・アズ・ナンバーワン」で有名なエズラボーゲルの著作「日中関係史」に詳しく、非常にわかりやすく、日中関係を飛鳥時代（600年）から書いてある。日本が中国文化を輸入した時代（600～838年）、中国が日本に近代技術を学びに来た時代（1895～1937年）など、お互いに学びあった時期があった。また、日中関係を良くした鄧小平や、現在の安倍政権や習近平を評価している。著者はアメリカ人なのに、日本人に「日中関係史」[5]を教えてくれるとは！

（2）　習近平の教養

　現代中国を理解するのには習近平の人物を良く知っておく必要がある。

　当方は政治の専門家ではないが、習近平の当方の情報を報告すると、実は彼は中国の古典を読んで学んでおり、月刊誌（争鳴2017.1）の記事によると、彼の書簡リストには朱子学の基本である四書（大学　中庸　論語　孟子）、朱子語類、二程集だけでなく、荀子、韓非子、礼記、後漢書、史記、等々、数多く

＊5：2019.12.17発行、日本経済新聞社発行

の古典がある。

また、上海のホテルで観たTV放送（2018.　11/12〜11/15　四日間）の「平語近人」（平語：日常語の意味、近人：現代の人、親しい人の意味）では、習近平の名前「習近平総書記用典」がついていた。内容は習近平の方針について、中国古典を使用して解説する教育講座（大学の教授が実施）で、大きなホールで大学生が受講している映像だった。毛沢東は古来の中国文化遺産を捨てたが、習近平は古来の伝統中国思想をベースとして、国民の為の政治と他国との共生を推進していることが解る。為民（民のため）という言葉が頻繁にでる。実は今回、日本のインターネットで「平語近人」を検索したら、ホームページが発見できた。改めてこの講義をユーチューブで観ることができた。字幕が表示されるので、中国語が聞き取れなくても、概略は理解できる＊6。

また、この講義を聞いた時の当方の記録ノートを確認すると、孔子、孟子、淮南子、老子、范仲淹、荀子、顧炎武（日知録）、王陽明、儒教、資治通鑑、三字経、孝経、中庸、論語、戦国策、などの重要な古典や単語が数多く表示されていた。

ほかにも、人民日報評論部編集の本『習近平はかく語りき』日本僑報社発行の内容を少し紹介すると、趣味：読書、映画、旅行、散歩（読書はライフスタイルの一部）。

使用されている主な単語は以下の通り。

諸葛孔明、司馬光、康熙帝、諸葛亮、範仲淹、王安石、岳飛、蘇東坡、商鞅、張居正、孔子、劉備、孟子、鄭和、阿倍仲麻呂、李白、王維、張騫、朱徳、マルクス、エンゲルス、トルストイ、ニュウートン、ダーウイン、エジソン、アインシュタイン。

このように、中国文化だけでなく、西洋文化も勉強していることが解る。

尚、習近平は清華大学（中国で技術系№1の大学）で題目「中国農村市場化研究」で博士号（1998〜2002年）を取得している。当時は農業が重要なテーマだったのだろう。

ところで、日本の政治家で博士号を持っている人はいるかな？また、彼ほど古典を読んで学んでいる政治家は日本にいるかな？

なお、中国で2015年2月に出版された『習近平用典』にも、習近平のスピーチと語録が記述されて、何度も歴史が大事と講演している。論語・中庸・諸子百家が何度も使用され、古典の重要単語が175語もある。日本語版は、2019年6月に出版されている。

＊6：URL： www.youtube.com/watch?v=4nxvUD1uM3o

（3）　中国の学ぶ意欲

　Iran Bremmerの本『スーパーパワー　Gゼロ時代のアメリカの選択』には、中国の指導者たちは日本の戦後政治の軌跡を真剣な研究していると書いてある。また、当方の知り合いの上海の復旦大学（上海で文系No1）の教授は当方に説明した。中国の政治家は日本と米国の経済施策や歴史とその成果や失敗を充分勉強している。

　この教授も、勉強して政治家に報告しているので、日本や米国と同じ失敗をしないと説明した。

（4）　コミュニケーション方法

　世界の第一位の米国と第二位の中国の両方の経済大国と、日本は上手くやっていかねばならない。米国は自国主義の強欲資本主義で解りやすいが、日本の報道だけに頼っていると、中国は信用出来ない国と、一般の日本庶民は思っているのが実態である。

　しかし、習近平に演説内容では、理想的な共生社会をめざしている。今回、読者がこの記事を見て、記者の意見と習近平の発言を仕分けして区別し、その習近平の方針を確認し、その方針通りに、中国が実施しているか否かという視点で、報道を確認していただきたい。

　ただし、ここで重要なのは、中国は面子を重視する文化の国ゆえ、間違いや失敗を公式には認めるのが難しいのだ。それを追求するのは、追求者のストレス発散で、関係を悪くするだけで、まずい方法だ。面子を潰さない方法で、上手く相手を反省させる方法が必要。つまり、相手の努力を認めながら、再発防止を進言する方法だ。例えば、「貴方はよく頑張った、真面目で素晴らしい。しかし、この件は当方にとって結果が良くないので、今後は、こういう方法にしていただけないだろうか？今後も貴方と共生（Win－Win）で一緒に前進したい。」と述べる。相手を傷つけないような参考になる例を挙げると、習近平の演説で「日本が対中侵略戦争を発動して中国人民に災難をもたらしたのは、日本軍国主義の所業だ、中国政府と人民は、あの戦争で日本人民を責めたことは、一度もない。日本人民も被害者だ。」このように、相手を敵にしないで、仲間にする方法が非常に参考になる。

　つまり、物事を上手く進めるには、事前に十分検討して、新しい提案をすることなのだ。世の中で上手くいかないのを、人のせいにするのは日本の野党やジャーナリストだけだろうか？ストレス解消を目的とした日本の悪い文化かな？

　日本のアニメが海外で人気があるのは「友情、努力、勝利」が共感できるからとのこと。これも参考にしたい。

(5) 関係改善案

　企業同士の日中間の関係は問題ないが、現状では政府間と庶民レベルが良くない。政府間の関係は外交官次第で、能力のある外交官はその方法を知っている。実際には、相手を喜ばせたり、相手のキーマンの手柄にする方法を検討し、実施することだ。庶民レベルは、中国の場合はまず中国政府の対日感情が良くならないと、言論をにぎっているので無理だ。日本の庶民の場合も、中国政府の対日態度が良くならないと改善は難しい。

　以上まとめると、関係改善の優先順位は、日本の外交官がまず改善作業に着手することだと提案したいが如何？

(6) 中国経済の事情

　中国経済の事情については、肖敏捷氏出版の本『中国　新たな経済大革命「改革」終わり「成長」への「転換」』日経新聞発行で確認されることを推奨する。中国経済の過去、現在、未来を詳細分析し素晴らし内容となっている。例えば、下記のような記述がある。

　69頁：習近平時代は、地方政府を中国経済の主役の座から降ろし、企業により大きな生存空間を与える。従来の既存権益や旧秩序を破壊する方針。

　つまり、鄧小平は地方政府に権限を委譲し、経済発展に成功したが、習近平はこの方針を大きく変更したのだ。

日本人と中国人の共通点と相違点

(1) 共通点

① 宗教

　日本人も中国人も、本人は気づいていないが、本質的に儒教徒であることが共通だ。儒教の基本である「仁」「孝」「義」「共生」「自力主義」「努力が好き」「自然が好き」などが共通している。実は朱子学の基本である四書「大学・中庸・論語・孟子」を読んでも、日本人も中国人にも、内容が当たり前の常識すぎて感動しない。日本や中国で育つと、自然に儒教徒になってしまうのだ。

　儒教は本来宗教でなく、儒学の教えという意味と解釈すべきで、中国人も日本人も孔子廟にはお参りに行かない。お参りは、中国人は道教の寺の道観が一番人気、日本人は神社が一番人気。　尚、歴史の資料には日本の神社は中国の道教の影響をうけているとある。

　一方、仏教の方は本来の釈迦の教えは上座部仏教で、自己の悟りを第一とする教えで、釈迦は悟るのに苦労して、悟りの方法を弟子に伝授したのだが、本来は仁（他人への思いやりなど）には関心が無いのだ。日本も中国も悟りには

苦労しない大乗仏教であることも共通している。中国の仏教寺院で無料配布している本を見ると、中味は儒教で「孝」とか「仁」を大事にしろと書いてある。当方の分類では、中国の仏教は、儒教の中の仏教宗派だ。道教の寺の道観には勿論老子がいるが、文昌殿には孔子や朱子が座っているのだ。つまり道教も儒教の道教宗派だ。

② 文化

漢字文化、絵画芸術、書道、寺院、仏像は全て中国文化を日本が導入してきた共通文化だ。一方、中国でも日本人が発明した和製漢語を流用している。

「文化、文明、民族、思想、法律、経済、資本、階級、警察、分配、宗教、哲学、理性、感性、意識、主観、客観、科学、物理、化学、分子、原子、質量、固体、時間、空間、理論、文学、電話、美術、喜劇、悲劇、社会主義、共産主義」。

日本では基本的に明治以後、欧米の文化を導入して、英語を訳すのに、漢語が無かったので、新しく和製漢語を作る必要があったのだ。

食文化も拉麺（ラーメン）、餃子（ぎょうざ）、焼売（しゅうまい）、炒飯（チャーハン）は全て中国語で中国文化である。一方、中国で一番人気のある外国料理は日本料理で、アンケートでは№1であった。シャブシャブは元来中国の東北料理で羊の肉を使用していたが、日本では羊以外の材料も使用し普及した。これを中国が日本から逆輸入し、日本語のシャブシャブをそのまま中国語の同じ発音で呷哺呷哺（シャブシャブ）を使用していて、人気の料理だ（写真5）。

中国では日本のアニメは非常に人気があるし、日本人発明のカラオケもあり、接待の女性がいる飲み屋としても普及している。当方は鄧麗君（テレサテ

写真5
（出典：https://www.tripadvisor.jp）

ン）の歌を中国語で歌うのが大好きで、いつも楽しんでいた。尚、彼女のCD
は間違えて福建語（台湾語）のものを買ってしまった。

　また、日本の歌舞伎と中国の京劇で、女形（おやま）を演ずるのが男性であ
るのも同じ文化である。当方は京劇の楽屋を訪問し、休憩中のタバコを吸って
いる美人に、男か女か聞いたら、笑って男だと答えた。

　麻雀（中国語では麻将）、囲碁、将棋（中国語では象棋、コマが違う）、ト
ランプなどのゲームも同様に庶民の遊びだ。囲碁や麻雀は中国で実施したこと
があるが、将棋やトランプは実施したことが無いので当方はルールを知らな
い。麻雀発祥の地は浙江省寧波市だが、現地の記念館を訪問したら人形が4人
座って勝負をしていた。その中に日本人の人形がいた。その手の内は一番悪い
手であった。尚、麻雀は一回毎に掛け金を現金で清算するルールだった。

写真6
（出典：https://www.tripadvisor.jp）

（2）　相違点

①　金銭感覚

　日本人は将来のことを考えて貯金するが、中国人は将来より現実重視で、現
在及び近い将来しか考えない。それゆえ、貯金しないで消費し、毎年の消費の
伸びは、日本はゼロなのに、中国は毎年5％の増加。そしてローンで、家を買
ったり、車を買い替える。毎年物価上昇し、預金金利は物価上昇より低いので
預金するのは損だとのこと。

②　お墓

　お参りは、日本は寺院が主流で、中国は道観（道教寺院）が主流。日本の葬
式は仏教式、中国は儒教式が主流。中国の墓は夫婦二人で入る。夫婦は名字が
違うので、墓石には名字が必ず二つ書いてある。中国の夫は、死後は夫婦二人
だけ墓に入り、もう浮気はできないのだ。日本の墓は江戸時代から始まり、先

祖代々の墓が主流で、墓石には通常家族の名字が書いてある。

③　言葉

言葉は、日本は中国から漢字と単語を導入したが、文法は語順が違う。

• 日本語：主語＋目的語＋動詞
• 中国語：主語＋動詞＋目的語

中国語は基本的に単語の意味の範囲が多く、助詞も不明確で、曖昧言語ゆえ、重要古典の解釈が何種類も大量にある。解釈書を「義疏」「注疏」とか「疏」とよんでいる。曖昧（あいまい）ゆえ、解釈を新しくすることを楽しむ学者が多く生まれたのかも知れない。東洋哲学の中村元先生も本「東洋人の思惟方法２　シナ人の思惟方法」で中国語の曖昧について述べられている。

中国語の発音は、標準語（中国語では普通語という）は北京語だが、地方は全て異なる。川を越えると言葉が通じないと言われていた。従って、ＴＶや映画や京劇は全て字幕が出る。京劇は北京劇の意味で、地方では越劇（杭州）、川劇（四川）、昆劇（昆山）と呼び、地元弁で演じ舞台劇でも字幕が出るのだ。年寄りは標準語を知らないので、ＴＶは字幕が無いと判らない。発音の違いは、例えば香港は標準語ではシャンガンと読み、現地語ではホンコンと読む。

④　個人プレイ

一般の中国人はチームプレイが得意ではない、オリンピックでも個人プレイではたくさんの金メダルと取るが、サッカーやラクビー等のチームプレイは強くない。野球などにも関心が無い。仕事でも同様で、ここが日本文化と大きく違うのだ。

⑤　西洋文化導入

日本は敗戦後、米国文化に劣等感を持ち、懸命に追いつこうと欧米文化を学んだが、現在では当時のように劣等感は無く、米国製品を尊ばない。むしろ日本製より品質が低いと思っている。しかし現在の中国人は、戦後の日本人と同じで、米国製品に憧れをもっている。「美国××」（美国は米国の意味）と書いた商品を一流品と見なすので、商品の名前の頭に美国と書いた商品や、会社の名前に美国がある。日本では全く売れていない米国ブランドの自動車や化粧品が、中国では高級ブランド品として普及している。

⑥　監視社会

悪いことを内緒でやりたい人やプライベートを大事にしたい人（欧米文化）は、監視社会を嫌っているが、まともな人には犯罪防止策としてウエルカムだ。中国では新型コロナウイルスの伝染防止にも、個人監視システムによって、感染者の過去の訪問先を検索できることで役立っているというＴＶ報道を

見た。また感染者がどこに住んでいるか公開されていて、携帯で確認することができる。勿論感染者は部屋を出ることはできない。中国で監視するのは、自分の上司、同僚や妻ではなく、中国政府ゆえ、読者の浮気が奥さんにばれるわけでない。一方、日本では感染箇所や感染者に住所を公開しないので、情報不足で非常に不安である。

　ニューヨーク州に住んでいる友人に、NYが中国に比べて、コロナに感染者や死者が非常に多いのは、監視ができていないからだと、メールで伝えたら、彼は米国ではプライベートの方が重要だと説明した。

　尚、「幸福な監視国家・中国」梶谷懐他著（NHK出版）では、監視社会について、中国人は不安よりも、むしろ助かる面の方が多くて、幸福の度合いが高まっていると報告している。また、当方と同様に、日本の報道や記事は間違いだらけ、控えめにいっても読者をミスリードしていると言っている。また、「監視」テクノロジーは社会の利便性を高め、治安を良くするといった、ポジテイブな側面への評価。まとめとして、中国のテクノロジーの社会実装の素早さや、そこから発生するビジネスの面白さに魅せられる現象が生じている。今後の日中関係が、政治や経済に加えて「技術」が軸に動いていく可能性を暗示させる。

日本の道徳

　日下公人先生の書「道徳という土なくして経済の花は咲かず」には、アメリカ崇拝、グローバルスタンダードに向かっているのは、その正体は弱肉強食である。相手を倒して、枯らして、一人勝ちしていって、先にいったいどんな幸福が待っているのだろうか？

　日本は聖徳太子以来1,400年、一本筋の通った道徳力がある世界に類を見ない「相互信頼社会」を作りあげた（十七条の憲法「和を以て貴しとなす」604年）。

　以上が日下公人先生の記述で、この時代は百済や隋から中国の儒教を導入して利用させていただいたのだ（「和」は仏典にないという説有り）。聖徳太子の先生も百済人（覚哿）の儒教徒だ。当方の査定では、この道徳は儒教がベースである。なお、日本に以前からあった道徳がたまたま儒教と同じだったという説もあるし、日本の古代史学者の上田正昭京大名誉教授は「日本人の精神には共生の思想がある」と言っておられる。

　日本は犯罪人も少なく、刑務所と拘留所にいる人も少ない。世界一の米国は、220万人で世界の1/5を占める。一方、日本は5万人以下（2018年）で人口比では、米国の1/22である。総人口の大きい中国は、人数では170万人と世界第二位だが、人口比では米国の1/9と少なく、儒教国中国は日本と同様に犯罪者は少なく道徳のレベルは高いのだ。監視社会のせいかな？

儒教の社会への役割

　過去の中国と日本の歴史を振り返ってみると、中国では清朝初期の120年間は皇帝が真面目に朱子学を実行し、世界で最も豊かで庶民が幸福な時代を維持した。一方、日本では江戸時代になって仏教と儒教がごちゃ混ぜ時代から、朱子学が分離独立し、政治や庶民道徳の基本の時代になり安定し幸福な時代になった。つまり、朱子学が安定した時代を創り維持したのだ。

　しかし、朱子学は理学であるが「理」とは人と人との関係、人と社会との関係で朱子学の「理」には科学がないので、西洋の科学文明の進化による産業革命や侵略主義（帝国主義）には対応できなかった。日本では朱子学が主体の幕

朱子

王陽明

末の江戸幕府では、西洋の進化と侵略に対応することができず、陽明学ベースの尊王攘夷派が革命をおこした。

　江戸の初期中期や清朝の初期中期の歴史が証明するように、朱子学は安定した政治や社会の維持管理に適しているが、末期の世の中の大きな変化を必要とする対応には障害になるのだ。一方、陽明学は知行合一思想で、事前の準備もなく物事を開始して失敗を繰り返す危険思想だが、世の中の大きな変化に対する対応や、変化させる方法や手段として向いているようだ。盛和塾がこの10年人気があるのは、中小企業の失敗を恐れない前向きで挑戦意欲のある経営者が、世の中や自分達の変化を要求しているのだろう。

　朱子はこの方法を禁止している、中庸の第十章に「すべての物事は、あらかじめ事前によく考えておくと立派に成功するが・・・」とある。当方が中国で仕事した時は、若い中国人はいくら指導しても事前準備しないで失敗ばかりしていた。よい意味では、実行が早い、悪い意味では失敗が多い。当方は上海駐在時に、若い社長に中庸を本屋で買って、第十章に赤線を引いて贈与した。

　一方我々庶民とっては、世の中を変化させなくてはいけない状況なのか、または世の中の変化に気づくことができるかどうかが重要な課題だ。

　やはり、その対応策として、我々は、まずは過去の日本、中国、朝鮮や世界の歴史を充分に学び、かつ朱子学と陽明学の長所と短所をよく知った上で利用することが重要である。朱子学と陽明学は宋明哲学と呼ばれ、新儒教に分類されている。儒教の「教」は宗教ではなく、「教＝おしえ」という意味だ。

　西洋で始まった。19世紀の産業革命と科学によるエネルギー革命による第二次産業革命が世界を豊かにしていきたが、加えて欲望の資本主義が世界を支配して貧富の格差と大金持ちを生んできた。自分だけの利益を追求する利己主義は、農業社会ではなく、元来餌の乏しく、貧しい狩猟採集社会で餌を奪い合って生活していた狩猟民族の文化だろう。モンゴル人や西洋人の文化だ。日本も稲作の文化が入る前の縄文時代が相当する。

　実は池で水鳥や魚に餌をやったり、犬や猫や家畜に餌をやると、その餌をもらった動物が幸せになるのを見て、餌を与えた自分も幸せになる本能が人間にはあるのだ。つまり他者の幸福が、自分の幸福になる本能が人間にはあるのだ。曽野綾子さんの著書「老いの僥倖」には、「与えることが僅かでもできれば、途方もなく満ち足りる不思議な人間の心理学」と書いている。これは孟子が提案した性善説なのだ。

　人間の本能とみなしている。当方の分類でいえば、これは哲学ではなく、生理学か心理学になってしまう。

おわりに

　儒教では、安定した幸福な社会にする為、人との関係が一番大事で、「仁」という他者へのおもいやりが重要だと、孔子や孟子の時代から提案している。2,000年以上の歴史がある思想なのだ。

　西洋の哲学や資本主義が将来のビジョンを描けない今こそ、私欲を中心とした現代世界に、庶民を幸福にする利他社会、つまり共生の世界を作る為に、まさに儒教を日本と中国だけでなく世界で使用すべきと提案する。

　自分だけ幸せになろうとするより、周りの人と一緒に幸せになる方がもっと幸せになることを確認すべきと考える。

　西洋人のプライドを傷付けないようにするため、儒教という中国思想を提案するのではなく、「共生思想」として提案し西洋学者と共同提案するのがよいと思う。

　過去の経済学の有名な専門家の本、アダムスミス「国富論」、マルクス「資本論」、マーシャル「経済学原論」、サミュエルソン「経済学」には、「共生」の概念が無い。やはり、東洋人でないので私欲が基本原理となっており、共生の道徳がないのだ。現代の西洋学者の半分以上はすでに気づいていると思うが、頭を整理して強欲資本主義から脱出するのが大変なのだ。

　一方、すでに儒教徒の習近平は提案済み（「一帯一路」の下記＜基本原則＞参照）だが、日本のジャーナリストは中国の基本方針に関心が無いので真面目に報道しないのだ。

　　大西康雄著「習近平「新時代」の中国」の内容を整理すると、
　　中国の政治体制：社会主義民主政治の制度づくり強化
　　─────────────────

「一帯一路」
＜基本原則＞：
　①主権尊重、相互不可侵、内政不干渉、平和共存、平等互恵の維持
　②開放的枠組の維持、
　③協調関係の維持
　④市場メカニズムの維持
　⑤ウィンウィン関係の維持
　　─────────────────

　なお、当方の提案と類似の提案として、日下公人先生「道徳と（い）う土なくして経済の花はさかず」では「日本の道徳」を提案されており、熊谷亮丸先

生は「潮」 2019年3月号で「日本の共存共栄の思想」を提案されている。説明内容は違うが、結論の内容は当方の「共生」とほぼ同じである。

　読者の皆さんも、この提案を参考にして、日本や中国の伝統文化を見直し、世界の中で日本の今後の生きる道や自分の人生の方針を検討していただきたい。

　なお、「中国の大学や学会の実情」や「中国の腐敗」というテーマは、中国の実態を知る上で非常に重要なテーマである。当方が執筆した本「日本人が参考にすべき現代中国文化」に詳しく解説したので、是非ご確認いただきたい。

＜参考文献＞
(1) 長谷川和三：日本人が参考にすべき現代中国文化、日本僑報社

10. 米国と中国の実態

はじめに

　当方が深く交流した外国について報告して、将来の圧縮機や製造業の見通しの参考にして欲しい。経済大国１位と２位のアメリカと中国に関する情報が最も重要であると思う。外国を当方の目から見た内容ゆえ、かなり偏りがあるが、日本人の常識的内容より、偏りがあった方が読者の参考になり、面白いと思う。

アメリカ

（1）　アメリカの標準化技術

　当方は1968年にIHIに入社し、汎用圧縮機設計に配属された。当時はこの分野の日本の技術レベルは低く、先端の欧米の技術を使用して、それをユーザーの要求仕様に合わせる仕事で、エンジニアリング的な仕事であった。IHIは日本に米国のJOY社との合弁会社を立ち上げ、当方はターボ圧縮機を担当した。ターボ（遠心式）圧縮機は歯車増速式で、ドイツのデマーグが発明し開発したが、コストが高くて普及しなかった。その後、米国の汎用技術で標準化されることによってコストが安価になり、需要の大きい米国で当時一般的であったレシプロ式（往復動式）に代わって普及した。

　同様な例が自動車でもある。ガソリンエンジンをドイツのベンツが発明して19世紀末に生産したが、標準化技術がないのでコストが高くあまり普及しなかった。一方、米国のフォード社が標準化し量産化したので、安価になり普及したのと同じような歴史だ。米国では、それまで馬車を使用していたが、自動車の普及により馬が大量に失業したとのことである。

　米国では、汎用ターボ圧縮機はJOY社とIR（インガーソルランド）社、エリオット社の３社が主流でIRが一番標準化の程度が高く、コストダウンを考慮した開発に成功した。非常に安価ゆえ、当時は米国でシェア№1であった（写真１）。しかし、コスト優先で回転機械としての信頼度が低いコンセプトであったため、日本で販売をはかったが日本のユーザーからは拒否され普及しなかった。

　一方、当方が担当したJOY社のターボは品質や信頼性が高く、日本の市場に

写真1　Centac　（6,000〜30,000 cfm）
遠心分離式エアコンプレッサー
（出典：ingersollrand.com）

写真2　TA形ターボ圧縮機

合っていたので発足当時日本の市場を独占することができた（写真2）。とあるユーザーから、特に軸受けの技術レベルが高いと評価されている。

　日本の自動車市場では、市場に適した中型車が中心の欧州車ブランドの日本車が出回ったが、大型車が中心で燃費があまりにも悪い米国ブランド車は日本では普及しなかった。当方は大学時代に趣味で自動車クラブに所属し、学長が使用していたクライスラーの最高級車ニューヨーカーの中古品を貸していただき、使用したが、燃費が日本車の約5倍だった。しかしニューヨーカーは豪華で運転は楽しかった。その後、日本では米車は消えたが、現在でも中国ではかなり普及している。中国では米国（中国語では「美国」と記載）製というブラ

ンド力が高く、ボディの鉄板が日本製より厚いので、衝突した時に安全との評価がある。中国では商品や会社の名前に「美国」をつけて、ブランド力を高めている。

(2) 米国JOY社のターボの技術

JOY社の汎用ターボ圧縮機は、標準化、部品の共有化、部品点数を減らす一体化でコストを下げている（詳細は、本書「1-1　40〜50年前欧米の技術習得」参照）。汎用品の分野では量産はできないが、標準化による部品の共有化によって部品のロット生産ができてコストが削減できるのだ。そうした技術、つまり米国文化を当方はJOY社から学ぶことができた。

例えば、当時の500kW以上の圧縮機は、大型の設備でユーザーの要求にその都度合わせて、流量と吐出圧力を決める必要があり、鋳物のインペラの外形の加工寸法を決めていた。その計算ソフトをJOY社は用意し当方に伝授してくれたのだ。

当時米国市場№1のIR社の場合、推測では流量や圧力はユーザーの要求に沿うのではなく、メーカーの標準仕様をユーザーに押し付けるビジネススタイルだったと思う。

一方、ドイツ製は標準化技術がないので、ユーザーの据え付け現場で多くの種類の部品を持ち込み、組み立てる方式であった（オイルタンクユニットなどもパッケージでなく、別置きであった）。これは生産性が悪くコストで成立せず、汎用の市場に全く入ることができなかった。

また、米国の歯車メーカーを訪問したこともあるが、この分野でも当時日本のメーカーより標準化技術が高く、ブルギヤ（大歯車）とピニオン（小歯車）の互換性が可能で量産化していた。

(3) ソフト開発

当時、当方はJOY社に出張し、インペラ（空気に運動エネルギーを与える翼）の設計のプログラムの使用方法を学ぶため、2週間ほど滞在したことがある。毎日米語しか使用しないので、ホテルに帰って出張報告書を書こうとしても、日本語を忘れて書けなくなってしまった記憶がある。思考は全て米語で頭の中は米語だった。

その後、ターボのインペラの流体解析および設計プログラムを販売するソフト会社が米国に出現したので訪問した。その際、英国の世界的に有名なドウズ教授に会えて驚いた。彼は米国の会社に出張して技術を移転していたのだ。英国では研究や発明はできるが、標準化してソフトにすることができないので、米国のベンチャーで標準化して流体設計ソフトを売るというビジネスになっていたのである。その後、当方このベンチャーの日本へ進出のための講演会の手

伝いをさせられたことがある。

　これはマイクロソフトを立ち上げたビルゲイツが、「ウィンドウズ」という ソフトを開発し、世界中に普及したのと類似のビジネスモデルである。米国で 重要なのはソフト開発と販売という標準化文化なのだ。

　つまり、産業革命は英国やドイツで始まったが、米国では技術の標準化や量 産化のレベルが非常に高かったことが、自動車や汎用ターボ圧縮機の歴史か ら証明されている。そして、その後は米国では標準化が更に進んでソフト開発 という新しい標準化文化になったのだ。

（4）　米国企業の変化と中国への進出

　米国では、会社をドンドン売り買いする文化なのだ。経営者はビジネスや組 織に愛着はないのだ。当方が旧JOY社＊と技術提携が終了してから、Cameron 社を訪問して、事業責任者にターボ圧縮機のビジネスに関して、どういう方針 なのか質問したが、ほとんど、関心がなく、議論にならなかった。事業を売る 検討をする時、当方にも声をかけてくれといって、別れた。

　最近日本企業も自社の技術やビジネスの愛情がなく、アメリカ的に事業を売 り買いする文化になってきた。これが資本主義なのか、近代化なのか？

　数年前に、この会社（旧JOY社、現在IR社）の製造部門はニューヨーク州の バッファロー市の工場での生産を中止し、中国の蘇州市に移動した。当方が17 年前にターボ圧縮機の製造販売会社を蘇州に立ち上げたのも同様の方針で、世 界で一番大きい中国市場において、生産を開始したのだ。なお、技術部門はバ ッファローに残っている。また、エリオットも台湾の会社に買い取られ、中国 でも生産している。

　自動車分野も、中国で多くの会社が米国ブランド車を生産し普及している。 一方、日本では米国車の生産はない。

（5）　日本との違い

　当方が米国の技術を習得したのは、今から約50年前だが、米国にはない日本 の技術は省エネ技術だ。米国は機械の性能を良くすることや、省エネには関心 がない。当時、私は性能を良くしたいと要求したが、JOY社の社長は関心がな く、自分でやれという回答だった。「何故か！」それは、日本が世界で一番電 気代の高い国で、米国は電気代が一番安い国だからだ。また日本の自動車の燃

＊当方がターボ圧縮機の技術習得したJOY社は、この30年間の間、何度も買収され会社の名前 がどんどん変わった。

　JOY（1955年発足）、Cooper（1987年）、CooperとCameron（1995年）、IR（2015年～）

費が良いのも、ガソリン代が一番高い国だからである。

　我々が高性能のターボの開発に成功したら、当時のJOY社の研究者が日本に来た。JOY社の社長は我々が開発した技術をくれと要求した。しかし、担当のエアロ設計の責任者（当方の先生）は、弟子から貰うのはプライドが許さないので自分で開発すると断った。

　米国の特徴をまとめると、米国は優秀なエリート技術者が頭を使用して合理化や標準化をした。一方日本では、ユーザーや現場に直結した一般の従業員が改善を考える。つまりトヨタの改善方式である。日本の電力会社は市場独占で市場原理が働かないので電力費が最高に高く、それを克服するために各機器の性能向上や省エネ技術が進化したのだ。

　また、米国は省エネに関心がないし、性能向上に関心が薄く、利益を得うるためのコストダウンや標準化が優先し成功した。そして現在はソフト化という標準化文化になった。しかし、バイデン大統領がパリ協定に復帰することを決めたゆえ、CO_2削減に関心を持ち、今後は省エネや次世代の原発が重要テーマになる可能性があるのだろうか？

中国

　当方、中国の蘇州にターボ圧縮機の製造会社を立ち上げ、その後上海でいくつもの会社に勤務したり、コンサルで指導したりした。

　17年前に住んでいた蘇州は、昔の呉の国の首都であった。ここで文化遺産が豊富だったこともあり、中国文化にはまってしまった。帰国後、神田外語大学（1年間）や東洋大学（10年以上）で聴講生として中国文化を学んでいる。

（1）　中国進出の手順

　当方が中国で製造会社を立ち上げた経緯を紹介する。2002年に社長（IHI）より、中国進出を指示された当時、中国は目立った存在でなく、中国を含めたアジア全体で日本と同じぐらいの市場の大きさと認識していた。しかし調べたところ、すでに中国の空気圧縮機市場は日本と同じ規模に成長しており、びっくりした。そして現在は、中国の圧縮機市場は日本の10倍となっている。

　まず、進出場所とパートナー探しが任務であったが、当時の中国の圧縮機メーカーは国営がほとんどであった。数件の国営の会社に訪問したが、ここで驚いたのは、生産設備は日本のメーカーより立派で、そして営業マンが会議に出てこないことだ。

　国営は投資金がたっぷりあり、最高級の工作機械を購入していたが、使いこなしていないのだ。例えば、精度の高い加工は精度を維持するために、室内の温

度を管理しなくてはいけないが、温度管理のための空調器が停止状態だった。また、営業がいない国営企業ではユーザーも国営で、互いに通じており販売に営業活動がいらないのだろう。当方にとって、中国でのパートナーの一番の目的は販売能力であり、営業が不十分な国営とは組むことができない。多くの国営企業から協業の申し出があったが、結局当方は、希望するパートナーを見つけることができず、社長から提案された中国で、すでに販売力のある米国資本の深圳の会社を選ぶことになった。実際にはシンガポール人と台湾人が運営している会社であった。当方は技術者であるから、販売組織については知識不足であるが、推定では販売代理店との人脈が販売力、そして販売代理店はユーザーとの人脈という構造だと考える。ところがパートナーの社長は販売代理店の管理が仕事で、直接ユーザーに商品の説明をしたことはないと言っていた。

　国営の会社は高級な加工機械を用意し、自社で加工するが、民営の会社は投資金額を最小にするため、立ち上げ時は工作機械を導入しないで外注加工にする。そのため、外注先を見つけるのが会社を立ち上げる時の重要な仕事である。加工品質を維持するため、当方はすでに日系のユーザーに納入している加工業者を選んだ。多少購入金額が高くても、品質管理の指導をしていたら時間がかかりすぎるので、立ち上げ時には指導まではできない。加工機械も日本製かドイツ製を使用していることを確認した。知り合いの日本の工作機械メーカーに、中国のどこに納入しているか聞いて加工外注業者を探した。

　製造責任者と調達責任者は、日本の図面や資料を読んで理解でき、日本語のできる若者の中国人を採用した。一方、専用運転手には車内での会話情報の流出を防ぐため、英語や日本語が理解できない中国人を選ぶように、中国人の従業員に指示された。それゆえ、当方は運転手とのコミュニケーションは中国語に限られたので大変だったが、中国語の勉強にはなった。

(2)　中国人の精神

　中国人と付き合う場合、中国人の精神を理解しておくのが重要ゆえ、当方の経験を報告しておきたい。

第1表　中国人が大切にしている徳目のアンケート結果[2]

	アンケート対象者	1位	2位	3位	4位	5位	6位	7位	8位	9位	調査対象外
A	上海の女性会社員5人、大卒、23-29歳	孝	信	仁	忠	智	礼	義	—	—	誠、銭
B	上海の男性会社員5人、大卒以上、24-46歳	孝	信	仁	義	忠	礼	—	—	—	智、誠、銭
C	蘇州の飲み屋の女性7人、31-39歳、全員子供あり	孝	智	仁	礼	信	銭	義	忠	—	誠
D	蘇州の製造部門22人、20-50歳	孝	仁、忠、信			礼、義		誠	智	銭	—

① 徳目、倫理

当方中国駐在中、中国文化研究にはまり、中国人の精神を知るために中国人の知り合いを利用して「智、孝、仁、礼、義、忠、信、誠」についてアンケート＊を取った。何と「孝」が、どのグループでも優先順位一位であった。中国学の学者の加地伸行氏や竹内実氏も、中国儒教の中で「孝」を最も尊重するとしている。「孝」とは生命の連続の自覚で家族主義である。日本も明治に「孝経」をベースとして「教育勅語」を発行し、孝を重視してきたが、戦後マッカーサーに教育勅語を破棄されて、核家族となり欧米的な個人主義に近づいた。中国も、今後一人っ子政策のせいで、過剰に大事に育てられた世代（小皇帝）が主流になると、「孝」文化が維持できるかどうか？

アンケート結果では、Cの飲み屋の女性以外の会社員では、「孝」の次に大事にしているのは、「信」「仁」であった。中国語の「信」は、主に友人との関係を大事にするという意味である。中国のビジネスでは人脈が一番大事で、その人脈の多さと深さが個人の能力や財産となる。「仁」は日本語と同じで、他人への思いやりで、まさに西洋文化と異なる、中国とその周辺国家を含めた東洋文化の特徴だ。

なお、「銭」の順位が非常に低いが、実際の生活の中では、非常に高いのに変に思うが、中国人はプライドが非常に高いということだ。「銭」は、生活の上では価値が高くても倫理の上では、低いのだ。日本人や米国人にもアンケートを取って比較したいところである。

② 知行合一

当方、中国で仕事して日本と文化が違うと感じたのは、中国人は事前に準備をせず仕事に着手し、失敗ばかりしているのだ。当方がいくら指導しても駄目だった。

「知行合一」とは王陽明が提案した思想であるが、本当は準備せずに「早く着手しろ」というより、事上磨錬の意味で「実際の行動の中で知識を磨き、人格を錬成する」という意味なのだ。一方、朱子学では着手する前に、充分調査検討してから着手しろという考えである。日本人には当たり前の常識で普通の日本人は、それが朱子の提案ということを知らない。朱子学とは四書五経を基本とする。

四書とは大学・中庸・論語・孟子だが、この「事前に準備しろ」は中庸の第十章にある文章で、金谷治氏の翻訳では「すべてのものごとは、あらかじめ事

＊「智、孝、仁、礼、義、忠、信、誠、銭」の9徳目を選択肢として重要な順番を選んでもらった。
アンケートは調査対象者集団別に A、B、C、D の四つに分けて集計。
調査時に選択肢に含めなかった徳目、選択肢に含める割合の低かった徳目は調査対象外とした。

前によく考えておくと立派に成功するが、事前によく考えもしないで始めると失敗するものである。・・・・・」とある。

　王陽明を知らない、知行合一も知らない、一般中国人は知行合一を実践しているのだ。失敗を繰りかえすが、朱子学にそまった真面目な日本人より行動力があり、成果も多いかもしれない。

　週刊誌「東洋経済（2021.2.20付）」の松尾豊東大大学院教授の記事を紹介する。

　「深圳のものづくりを見ていると、PDCAの回し方が速い、マーケティングと製造がデジタルでつながっていて、ライブコマースで売りながら次の瞬間からフィードバックをうけて作り直している。というスピード感です。とりあえず出してから改善するというデジタルテイテイブの考え方。一方、日本は売り場のデータを分析してからようやく需要予測したり、自動発注したりするくらいのレベルで、PDCAの回し方が遅い。それが日本企業の競争力をそいでいる。」

　以上は、まさに中国は知行合一、事上磨錬そのもので、日本は朱子学の中庸の「事前に準備を真面目にやれ」そのものである。

　江戸時代、徳川幕府は朱子学を利用し、安定した政治で、繁栄し庶民を幸せにしてきた、しかし、幕末の変革期は陽明学を利用した松下村塾出身者が活躍している。中国も清朝初期の200年間は朱子学を利用して、繁栄し人口が１億人から３億人になった。当時世界一の繁栄だ。つまり、朱子学は繁栄維持に向いているのだ。

　数年前、中国でも京セラの稲盛氏の盛和塾の影響で王陽明を知り、陽明学の本が中国で出回るようになった。ますます、知行合一になってしまいそうだ。一方、朱子学文化の日本では、コロナワクチン接種開始準備に時間がかかり、先進国では最も遅い国になってしまった。何をモタモタ準備していたのだろう？

　実は、当方も朱子が大好きで、朱子学を学び実践し、中国人にも朱子学を指導して来たが・・・・・、時代遅れかな？

　なお、朱子の朱子学と王陽明の陽明学は、宋明学または宋明儒学とよぶが、宋代に朱子が儒学を整理して哲学としてまとめ、その後明代に王陽明が中身を変更して実践中心の行動学とした。それを纏めて新儒学や宋明学とよんでいる。当方は永年宋明学を中心に東洋大学で学んでいる。

　③　面子

　17年前、中国の蘇州に赴任して中国人に指導されたのは、「中国では、絶対に人前で相手を叱ってはいけない。」で、これをしてしまうと、相手の面子を

潰し相手から一生恨まれるとのこと。叱る場合は個室を使用すること。「一生恨まれる」という説明にはびっくりした。

当方の提案では、人前で叱るのではなく、非難しないで表現方法を変え否定でなく、「代案」という形で自分の意見を述べる方法が良いと思う。しかし、この方法では相手が反省しない可能性があるな。

中国人の専門家に、その専門分野の質問をした時、質問された専門家は知らなくても面子を保つために、知らないと答えられないで関係ない話を延々とする。質問した方は、その話が終わるまで待つしかないのだ。

④ 中国人の価値観

中国人の価値観は、西洋や中東のキリスト教やイスラム教の一神教の対立関係で捉えようとするのではなく、融合のかたちで捉えようとする。論語や孟子も欲望を肯定しているし、中国人は現実社会で快楽に満ちた世界を優先する。日本人のように、将来の老後のことを考えて、一生懸命貯金する中国人いない。いたとしても遠い将来でなく、近い将来のことしか考えない。従って、毎年消費が5％伸びるのだ。貯金文化の日本は消費の伸びはゼロが続いている。

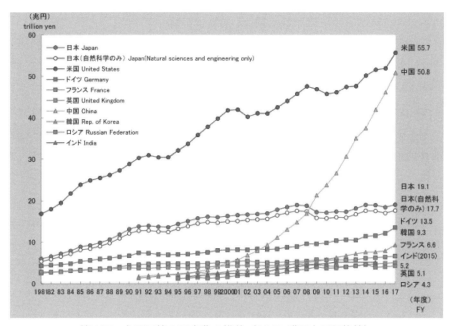

第1図　主要国等の研究費の推移（OECD 購買力平価換算）
（出典：文部科学省2017年科学技術要覧令和元年版「海外及び日本の科学技術活動の概要」p.3）

一方中国では、消費の伸びが経済成長を支えている。

当方の感覚では、中国人のこの楽観主義文化が経済を支えているとも思う。

⑤　中国の科学技術

世界の四大発明「羅針盤、火薬、紙、印刷」は中国で発明されて、ルネッサンス期までに、西洋に伝わった。つまり昔、中国は技術も先進国であったのだ。

宋代の朱子学も別名「理学」とよんでいるが、これは人間関係、社会関係の性理学で、「理」を研究する時期があったのだが、これは科学ではない。また、清朝初期は世界のGDPの1/3を占める大国中国では、科学を研究しなくても十分豊かで幸福だったので科学には関心がなかったのだ。そして現代の中国の研究費は日本の２倍以上で米国に近づいている(第１図参照)。

つまり、現代中国は科学技術が重要であることを、充分認識し対応していることが解る。過去の歴史を見ると、その能力は十分あるだろう。

まとめ

習近平の説明や中国文化の実態は、本書の「9.　東洋文化「共生社会」を目指す」で紹介済みだが、さらに詳細については、当方の出版本「日本人が参考にすべき現代中国文化」日本僑報社を参考にしていただきたい。3年間36回、月刊誌に連載した記事を編集したもので、皆さんに参考になると思う。特に、今回記載しなかったが、中国の腐敗や中国の大学の実態を報告している。今回の記事も一部流用している。

おわりに

米国文化や中国文化の特徴を理解して、利用できるところを選んで利用したら良い。日本人との違い、自分との違いをまず理解し自分を客観的に眺めて、今後の方針を立てよう。そのことに、この本稿が役に立てば幸いである。

＜参考文献＞
(1) 長谷川和三：日本僑報社出版「日本人が参考にすべき現代中国文化」

11. 中国周辺国家への中国文化の影響
11-1　中国文化のベトナムへの影響

はじめに

　現役の頃は製造設備のある中国、台湾、韓国等は訪問する機会が多くあったが、当時工業のないベトナム（越南）と琉球には全く訪問機会がなく、今回は取材旅行となった。ベトナムには2017年２月17日〜21日の５日間の旅行で、主に首都ハノイ（河内）市とその周辺を取材した。

ベトナムの歴史

　ベトナムの文化を理解する為にはまず歴史から入らなくてはいけない。

- BC111-AC938　　　中国の支配下（約1000年間）
- AC1009-AC1858　　ベトナム独立王朝時代（約900年間）
- AC1884-AC1945　　フランスの支配下
- AC1946-AC1975　　南北分裂
- AC1976　　　　　　統一ベトナム（ベトナム社会主義共和国）
- AC1979　　　　　　中国がベトナムに侵攻（中越紛争）
- AC1993　　　　　　フランスと和解
- AC1995　　　　　　アメリカと和解

言葉

　1000年以上前に約1000年間中国に支配されていたので、漢字を使用していた。個人の名前は中国語の姓を持つ。英雄のホーチンミンは胡志明と書く。また、中国と同様夫婦の姓は違う。名詞は下記の如く、ほとんど全て漢字で表示出来る。

　ベトナム：越南　ハノイ：河内　と漢字で書く。

　しかし、フランスの植民地になった時、フランス人の宣教師によってラテン文字を使用した発音記号を考案され、使用するようになった。明治時代に日本が朝鮮半島を支配した時、当地の庶民は漢字が使用出来ない文盲ゆえ、ハングルを使用させたの同様に、ベトナムでも当時文盲を無くすために容易な発音記号としてのラテン文字使用させたと類推する。日本語の様に漢字を残さなかったので、発音記号の文字に意味はなく、飛ばし読み（速読）が出来なくなって

しまった。また一般庶民は漢字を知らないし、自分の名前の漢字も知らない。（韓国の場合は名前の漢字は知っている。）　明治時代に中国の知識人と同様に、ベトナムから日本に勉強に来た教養人は、当時の日本人と漢文の筆談でコミュニケーションが出来たと記録にある。

　参考として、ベトナム語の発音をカタカナで表記して、隣接の広東語や中国の標準語や日本語の発音と比較してみた。カタカナ表示なので本当の発音と少しずれている。

第1表

漢字表示	ベトナム語	広東語	中国標準語	日本語
東	トン	トゥン	トン	トウ
南	ナム	ナーム	ナン	ナン
西	タイ	サイ	シー	サイ
北	パック	パク	ペイ	ホク
男	ナム	ナーム	ナン	ナン
女	ヌー	ネウ	ニュウ	ニョ
父	ポー	フ	フ	フ
母	メ	モウ	ム	ボ・モ
広場	クアンチュオン	コンチェウン	クアンチュアン	
公園	コンヴィエン	クンユン	コンユエン	コウエン
安全	アントアン	オンチュン	アンクアン	アンゼン

　それぞれ類似していて面白い。

　「西」や「北」の発音を見ると、日本語の漢字の発音は、中国標準語（北京語が基になっており東北語）より南のベトナム語や広東語に近い。弥生人は中国の南の方からやってきたのかな？

　語順は主語＋動詞＋目的語で中国語と同じ。日本人向けツアーのガイドは日本語が出来るので、ホテルの名前や場所の名前等を漢字で表現させてみた。そうすると名前を覚えることが出来る。例えばハノイは漢字では河内だが、この都市を流れる大河の名前がホンハ（紅河）ゆえ河内と呼ぶことをガイドに教えてもらった。

　また、お寺の僧侶は漢字のお経を読んでいた（日本や韓国と同じ）。発音はベトナム音と推定するが不明。なお日本の寺の場合は中国の普通話（標準語）ではなく呉音（旧蘇州音）を使用。　夕食の時、レストランの壁に、ベトナム語の大きな文字で詩が書いてあった。レストランのチーフにそれを発音してもらって、それをガイドに漢字にしてもらった。下記に表示する。漢文の詩と同

様で、助詞がない。

> 春来平安財和進
> 開梅富貴福権来

　また、日本では明治時代に和製漢語が多く作られ、現在中国で多く使用されているが、ベトナムでも単語として使用されているとのこと。例：自由、革命、政府

宗教

　ベトナム関係の雑誌「現代ベトナムを知るための60章　第2版」明石出版によると、

　ベトナムは仏教（中国から来た大乗経）、道教、儒教、ヒンズー教とある。民間信仰はこれらを融合した。庶民の宗教を調べる為、地図を見ながら散策した。

(1)　文廟

　ハノイの孔子廟（文廟）は1070年に造られ、1076年にはここに大学が開設され、700年間学者や政治家を輩出した。15世以後中国の科挙制度が取り入れられ、三年に一度の科挙の試験が実施され、合格者の名が残されている。廟の中央には孔子がいて、弟子の願回、子路や孟子等が取り囲んでいた。表示の文章には、漢文で「学問しろ」と書いてあった。当方が参拝した時は、大勢の小学生が団体で、アオザイ（中国の宮廷の女性の衣装で、現在のベトナム民族衣装）を着た女性の先生に先導され、孔子についての説明を受けていた。宗教的な廟というより、学問の勧めが目的の設備で、これは中国や台湾の文廟と同じ。

(2)　仏教寺院

　ハノイの一柱寺を訪問。1019年に建立。池の中に一本の柱で楼閣が建てられているので一柱寺と呼ぶ。正式名は延祐寺。本堂には黄金の八本手の観音像が並べられ、僧侶（頭髪有）が漢字のお経を上げていた。本堂の前には数十人の信者が座っていた。脇のお堂には、阿弥陀仏や仏教と関係ない関羽（関帝）が祀られていた。これは中国の仏教寺院と同じで、関帝は商売の神様だ。ベトナムの仏教は中国から導入された大乗仏教でタイやスリランカの原始仏教（小乗仏教）ではない。宗派は確認することは出来なかったが、本尊は観音像ゆえ大衆がお願いする他力と推測する。

(3)　観（道教の寺）

• 真武観

祀られているのは玄天鎮武神で、鎧（よろい）を着て刀を持っている、脇に

いる像も武装している。持っている旗は「北」の文字が中央にあり、「北」即ち中国の侵入を防ぐ神だろう。北（中国）からの侵略が多いベトナムでは、庶民の要求はまずは防衛が最優先なのだろう。元来この観は文昌帝（学問の神）が祀られていたが、後年、玄天鎮武神に取り換えられたと記録にある。観の名前も真武観で真の「武」である。中国の老子等を祀った温和な観とはかなり違う。

　2年間ベトナムで仕事していた知り合いの話だと、ベトナム人は親日だが、反中国だとのこと、プレゼントをあげても、中国製だと捨ててしまう。道教寺院の神様も刀を持って、中国と戦うのが任務なのだ。韓国や日本には道教が導入されなかったが、ベトナムには導入された。しかし、中国では庶民に幸福を授ける道教が、ここでは中国の侵略を防ぐ守り神になってしまった。

(4)　庶民の神様

・玉山祠

　元（モンゴル）の侵略を三度も追い返した。その時の将軍は英雄で神様として祀られている。日本と同様、海で戦っている。モンゴル人は馬に乗るのは上手いが、海戦は不得意。日本の場合は2度元と戦ったが、台風のお陰で追い返すことが出来た。また、100年以上も生きたとされる、大きな亀の等身大の剥製が置いてある。古代中国では亀は長寿・不老のシンボル。この亀は2016年に死亡し、当時大きなニュースになったとのこと。

・土地神・土工神

　宿泊したホテルのロビーの床の隅に小さな神様が祀られていた。土地・土工という二人の土地の神が並んで座っている。中国の土地爺という神に相当すると推定する。日本の地蔵みたいな感じである。

　販売店にも床の隅に似たような神様が祀ってある。商売繁盛の財神と推定する。

(5)　墓

　郊外を車で走ると数多くの稲の田んぼがあり、その真ん中に墓が必ずある。日本や中国では畑や田としては使用できない外れの丘等に墓を作るが、ベトナムでは田んぼの真ん中にある。それも非常に大きく、日本の様に柱状のものでなく、平面状の石が立ち、その前に同じ大きさの石が水平に置かれている。推定では水平に置かれた石の下に遺体が置かれていると思う。つまり土葬で、非常に立派な墓である。身内の死者を祀る精神は中国と同様に儒教精神と推定する。

　写真1は典型的な田んぼの真ん中にある墓地。

写真1

　なお、英雄ホーチンミンの廟はハノイ市の中心にあり、規模は非常に大きく、遺体が冷凍保存されている。近くにホーチンミンの住居跡もある。

文化遺産・芸術

(1) 国立歴史博物館

　日本や中国の博物館と同様に、石器時代から展示してある。銅銭、陶磁器、仏像、衣服、印刷木版等展示してあるが、ほとんど中国の博物館の展示物と似ている。違いを記すと、他では見られない丸い形状の鼓が数多くあった。他にヒンズー教風の踊った姿の仏像もあった。しかし、主流は中国風のものばかり。芸術的レベルが特に高いのは、仏像と陶磁器で、これは中国と同じである。

(2) 美術博物館

　ハノイ市にあるハノイ美術博物館（Vietnam Fine Arts Museum）について述べる。

- 彫刻
　数多くの僧侶の像はレベルが高く、あまりにもリアルで迫力があった。
- 絵画
　主に現代風の絵画で、どちらかというと西洋式が多い。
- 漆絵（うるしえ）
　日本では重箱などの物入れやお椀やお盆、屏風などに使用するが、ここで

は模様ではなく、純然たる絵画的モチーフの絵画であった。当方、日本や中国の美術館は数多く訪問しているが、このような漆絵を見るのは初めてである。

尚、土産物売り場にも漆絵があり販売されている。

全ての展示作品は平和で幸福なモチーフだった。

食文化

　旅行中の食事は全て旅行社の手配だが、ほとんどがベトナム料理で他に中華料理とフランス料理が一回ずつあった。ベトナム料理は生の野菜が多く、また米を練って伸ばし紙のようにして、生の野菜を包んだり、春巻きにしたり、いろんなものを包んで食べる。また油や辛子、塩などが少なく、薄味で原料の味をそのまま味わうことが出来る。

　そして生の大根やニンジンのサラダの味は少し甘くて日本のものより美味しい。

　当方の趣味に合っていて、非常に美味しかった。ハノイは広東省に近いので広東料理に近いのだろう。なお、フランス料理は不味かった。

　街の中の庶民は食堂の前の歩道で小さな椅子に座って食事している。当方の訪問した2月は丁度田植えの時期だった。田植え機は使用していない。田植え前の土の掘り起こしには、牛を使用する。水を張った状態では水牛を使用する。つまり、農家は牛と水牛の両方を所有している。ベトナムの米の輸出量は最近タイを抜いて、世界第二位になった。尚、第一位は米国（それゆえアメリカを米国と呼ぶ、冗談！）。飛行場で食べた昼食のうどんも米の麺であった。

　ベトナムでは田植えは年に3度実施可能。しかし、土地が痩せるので、2度にする場合もあるとのこと。頭に菅笠（すげがさ）を付けて、田植えする風景は

非常に美しい。なおベトナムの菅笠の材料は菅ではなく、椰子（ヤシ）の葉を使用。

民家

　郊外の民家は田舎では三階建てが多く、町の中は五階建てが多い、正面の横幅の制限があり幅は３ｍである。３ｍ以上にすすると価額が高くなる規制があるとのこと。奥行きは10m。イラストにあるような窓口が狭い住宅がいっぱい並んでいる。側面には窓はなく、使用上非常に不便と思う。

ベトナム伝統文化（水上人形劇）

　1000年の歴史を持つ、ベトナムの伝統芸能の水上人形劇を紹介する。

　舞台は水の上で、操り人形が水の上で演技する。操る人は約８名で、腰まで水につかり姿を隠して操作する。歌やセリフと音楽演奏は合計10人ぐらい。操る糸は観客席からは全く見えない。５〜10分間ぐらいの短いストーリを連続して、10回ぐらい演じる。

　観客はほとんど外人だが、字幕がないので、ストーリは我々外人には解らない。中国の京劇は各地の地方弁で演ずるので地元の人しか聞き取れないので、必ず字幕があるのだが。

衣装

　ベトナム人（女性）はアオザイという中国の宮廷衣装を着ている。体形にぴったりして、ボデイラインがはっきり見えて非常に美しい。衣料品店を訪問す

ると、その色彩や刺繍などのデザインのレベルが非常に高い。当方男性には関心がないゆえ、男性の衣装は観察していないので、ご報告出来ません。（冗談！）

おわりに

　ベトナムと日本は歴史上中国周辺国という非常に似た環境であった。過去両国は圧倒的に優れた中国文化を利用して発展したという歴史をもつ。そして、元（モンゴル）の侵略を防ぐことが出来たのも同じだ。しかし、ベトナムは米国との戦争に勝ったが、日本は負けた。同じ中国周辺国の朝鮮は中国と喧嘩せず、属国として上手く立ち回ったが、ベトナムは1000年前から中国から独立し、属国でなく自立した。それゆえ、戦争の多い歴史になったのだろう。日本の明治の英雄達が欧米文化を勉強したように、ホーチンミンの思想は、中国やソ連と違い、階級闘争ではなく、「民族独立闘争」で、1945年9月の独立宣言も、米国憲法やフランスの人権宣言を参考にしている。ベトナムと日本は中国の中心から距離的に離れていたことが共通で、類似の歴史を持ったのだろう。しかし、当方の認識では、現在の日本は米国の子分で完全な自立をしていない。自立精神をベトナムに見習うべきか？　いや、このまま子分でいた方が居心地がよい？

COLUMN
ベトナムの僧侶：テイク・ナット・ハン「釈一行」

　NHKTV「テイク・ナット・ハン：怒りの炎を抱きしめる」の2016年8月の再放送（2015年4月5日初回放送）を見たので、当方の感想を報告する。

　テイク・ナット・ハンの経歴：1926年、ベトナムに生まれ、16歳で出家。ベトナム禅宗柳館派8世、臨済正宗竹林派42世の法灯を継ぐ。1970年代、ベトナム戦争下で「行動する仏教」を提唱し、非暴力と思いやりに基づく反戦活動を行う。米国キング牧師に影響を与える。1982年、フランスで亡命中に仏教の僧院・瞑想センターを設立。人々の苦しみを和らげるための活動を開始。近年、NHK「こころの時代」で2回にわたって紹介。2015年、脳出血で倒れるが、現在は、力強い回復を見せている。2017年4～5月に来日ツアーを予定。現在90歳。

　彼は大変な人生でした。ベトナムで米軍が「村を守ると」いいながら庶民を殺すのを怒り、何ヶ月もかけて出した結論が「米軍が間違った認識の犠牲者」だから正しい見方ができない。米軍を怒るより、助けるべきだと。キン

グ牧師と面談もしている。また203年に米国から招待されて講演し、「暴力で暴力を消すことが出来ない」と説明。

　瞑想（マインドフルネス）についての説明がありました。

　ビデオを何度も止めて、ノートに書いた。

　　＊瞑想でありのままの自分に気づくこと。

　　（当方のコメント：自分を客観視する意味で、朱子学とほぼ同じ。）

　　＊ブッダの愛には差別がない。

　　（当方のコメント：キリストと同じ。）

　　第二回「ひとりひとりが仏陀になる」では、

　　＊自分の存在を生み出すこと

　　＊相手の存在を認めること。

　　彼は日本・フランス・イギリス等で瞑想（マインドフルネス）を普及させている。

　TV放送での彼の思想はほぼ理解できましたが、しかし「米軍を怒るより、助けるべきだと。」という思想には大変ショックを受けた。

　我々日本人は東京大空襲や原爆で非戦闘員の大量の庶民を殺した米国を許せるか？日本を含めて東洋文化^(注)では戦争では非戦闘員を攻撃しないのが原則だが、西洋文化では敵国は区別なく誰でも殺してよいということ。当方は、広島に原爆を落としたのは、軍艦を製造する呉の造船所と間違えたのだと思っていたが、最近のNHKのTV報道で当時の米国大統領が広島を選んでいたことを知った。つまり一般庶民を殺すのが目的だったのだ。

(注)：元王朝（蒙古族）は農耕民族でなく騎馬民族ゆえ、敵の民衆も区別せず殺す。

11. 中国周辺国家への中国文化の影響
11-2　中国文化の韓国への影響

はじめに

　当方韓国には40年以上前から仕事（空気圧縮機の技術者として）の関係で何度も訪問していて、駐在した中国を除けば、一番訪問回数が多く、パスポートの入国スタンプを数えると約50回になる。改めて日本と比較しながら、韓国文化を見つめ直すことにする。

言葉

　朝鮮語の語順は「主語＋目的語＋動詞」で日本語と同じ。「私は韓国語を話します」という文章で、主語の後ろに「は」をつけるのや、目的語の後ろに「を」をつけるのも同じ形式だ。中国語や英語では、この「は」や「を」に相当する助詞を使用しない。中国から輸入した漢語の発音（音読み）は日本語の発音とほとんど同じである。

　例として漢字の朝鮮式音読み発音を下記に示す。

　家族「ガジョク」가족、約束「ヤクソク」약속、分野「ブンヤ」분야、無料「ムリョ」무료、　洗濯機「セタッキ」세탁기、かばん「ガバン」가방、微妙な三角関係「ミミョハンサンカクグアンゲイ」미묘한 삼각관계、余裕「ヨユウ」여유、ちゃんぽん「チャンポン」짬뽕、知恵「チヘ」지혜

　つまり70-80％の言葉は漢字語ゆえ、日本語とほとんど同じということである。また日本語の訓読みに相当する、朝鮮語の発音も類似例を下記に示す。

　姉「アニ」、釜「カマ」群れ「ムル」上「ウフ」

　日本語と朝鮮語の違いは方言の差であるとし、大和言葉は古代朝鮮語そのものだという説まである。一方、日本人が朝鮮から渡って来たと思いたくない研究者は証拠がないとして、日本語と朝鮮語との関係を否定したり、遺伝子が違うと主張しているが、当方が学生時代読んだ本には、朝鮮半島と日本列島の日本海側は血液型がB型が多いと書いてあった、つまり、かなりの朝鮮民族が日本

に渡って来たことは間違いない。

　当方中国での仕事が多く、何度も中国人の日本語通訳を使用しているが、その通訳が満州の朝鮮民族が多い。彼らは小学校に入るまで、朝鮮語を使用していて、小学校から中国語を使用するとのこと。彼らにとって、朝鮮語と日本語はほとんど同じ故、日本語は簡単に覚えられるとして、日本語の通訳という職業を選ぶのだとのこと。

　当方、現役時代の海外出張は韓国への出張が一番多く、よく利用した朝鮮語は「カムサムニダ」（漢字では感謝で、「ありがとう！」の意味）や「カンペイ」（漢字では乾杯）をいつも使っていた。また当時は、漢字や英語の表示がないので、ハングル文字の発音が理解できないと、一人で地下鉄にも乗れないので覚えた。しかし、もう忘れてしまった。

　明治時代に日本が朝鮮半島を統治した時、官僚以外の庶民は文字を知らなかったので、文盲を無くすために漢字を覚えさせるのは、大変だとして、ハングル文字を教育する方法をとってしまい、漢字を捨てた。この方針は大失敗で、ハングル文字は発音記号ゆえ文字に意味がなく速読が出来ない。日本語の様に、漢字交じり文にすべきであった。

精神構造

(1)　儒教

　韓国では基本的に朱子学が基本で、中国より真面目に実施している。朱子の子孫が中国を脱出して朝鮮に移住し、その子孫が住んでいる。新儒教（朱子儒教）を真面目に踏襲している。年表を見ると朱子学を継承した学者の数は、中国の２倍、日本の４倍ほどあり、いかに朝鮮人が真面目に継承したかが解る。哲学分野では中でも李退渓（1501〜1570）は朝鮮独自の朱子学を定立し、「朝鮮の朱子」と呼ばれている。彼の思想は海を渡り、日本の林羅山、藤原惺窩や特に山崎闇斎に大きな影響を与えている。

　礼の分野では、朱子が残した「朱子家礼」を李栗田（1536〜1584）が伝承した。この分野の論文の記録をみると、12〜16世紀62冊、17世紀82冊、18世紀97冊、19世紀102冊、20世紀83冊、年代不明28冊、合計454冊となっていて、いかに重要なテーマでこの分野の学者が多いか解る。実際の現代の庶民はどうかというと、当方と会食した友人曰く、先祖への家礼のルールが厳しくて、日常生活の障害となり、うんざりで、ある儀式を深夜０時からの実施のルール破り、内緒で早い時間に実施していると打ち明けた。

　江戸時代に朝鮮から定期的に日本に来た朝鮮通信使のレポートによると、日本は「礼」を真面目に実行しない文化レベルの低い国と書いてある。

　2011年に朱子の本拠地中国福建省建陽市の朱子ゆかりの考亭書院牌楼を訪問したら、設立者は中国人ではなく韓国の朱子の子孫であったし、また朱子閣の前の朱子の像も韓国の朱一族が建立したと石に彫ってあった。　尚、考亭は50％破壊されている。住民に聞いたら、雹（ひょう）の被害という。しかし、近所の民家は被害なし。雹なら建物外部の損傷のはずだか、内部の損傷被害故、爆薬に間違いない。民家の人曰く、考亭は品質が悪いと。つまり、建陽の地元中国人は韓国人が建造した朱子の書院を嫌って、壊したと推定される。韓国人が嫌いなのか？又は朱子が嫌いなのか？

　以上、儒教（朱子思想文化）を一番真面目に継承しているのは、中国や日本ではなく韓国であることが良く解る。実は日本の仏壇は仏教の文化ではなく、まさに「朱子家礼」のコピーだ。先日、東洋大学の授業で教えてもらった。

(2)　嫉妬文化

　月刊誌VOICE５月号（2017年）の呉善花さんの記事では、朴大統領の逮捕事件で、韓国の裁判所は法律より情緒を優先している。韓国裁判所は法治主義でなく国民の情緒に則って決断。また日韓条約で請求権が失効しているのに新日鉄の損害賠償の判決をだした。従軍慰安婦問題も既に政府間で合意しても、また蒸し返す。上記は当方の意見と全くおなじで、ビックリしたが、法や契約を無視する文化だが、彼女はこの「情理」優先は儒教的な判断という。

　当方は儒教を永年勉強しているが、「情」が「法」より優先するのが儒教という彼女の意見は、一体何だろうと考えて見た。朱子学を理学ともいうが、「理」が「性」で（「性即理」で）、「情」が大きく動くと欲が生じて悪に流れる傾向をもつことになりがちゆえ、これをコントロールするのが「性」が支配する「心」である。　朱子学では、「心」の主催者の「性」が「情」を管理するという哲学である。

　中韓日では「情」が「法」より優先する国だが、当方の分類では本来「情の主導」は儒教ではないのだが、しかし中韓日はみな儒教国ゆえ、かってに「情の主導」を儒教の中に入れてしまうのだ。孔子の頃の儒教は「仁」と「礼」で、推定では、儒教で重要な「人への思いやり」の「仁」を、「情」と混同しているのだと思う。ケントギルバードも「儒教に支配された中国人と韓国人の悲劇」という本でも、儒教のせいにしている。これも儒教の定義が間違っている。

　実は日本も森友問題みたいな小さな事件を、ジャーナリストも野党も大喜びで騒ぐ、

　この日本人達は韓国人と同じ文化で、大事なことより「情理」を優先している。これは、当方の分類では権力者に対する「嫉妬」で、まさに嫉妬文化と思

う。

(3) 仏教

ある寺を訪問したら、大きな本堂の大日如来には参拝者は数人。そして、その脇にある小さな観音堂には、大勢の人が座って読経していた。当方も空いている席に座り、お経を見ていたが、ふと周りを見ると、読経者は全て女性だった。ビックリして外へ出て、観光案内人に理由を聞いた。案内人曰く、お経を上げている女性は全て受験生を持つ母親で、合格祈願とのこと。その観音堂の前には、宿泊用のテントがあり、泊まり込みで母親が祈願している。大日如来は自力での悟りゆえ全く人気がなく、庶民のお願いを聞いてくれる観音様は大人気だ。尚、お経には漢字の横に発音記号のハングル文字が記入しあり、漢字の読めない庶民でも読経出来る。

また、韓国の博物館にある菩薩半跏像は非常に美しく、奈良の中宮寺のもののコピーと当時は思ったが、あとから考えて見ると、奈良の文化は当時百済からの渡来人が作ったもので、百済文化と考えるのが正しい。2016年に東京の博物館で朝鮮と奈良の仏像の比較展示会が実施された。

似た話で、20〜30年前、百済の都（扶余）に博物館を設立した時、建物が奈良の建物とそっくりで、住民は日本の真似をするのは恥ずかしいと不満を述べたら、設計者はこれが百済文化で、奈良の建物が百済の文化そのものだと説明して、住民を納得させた。

歴史上、李氏朝鮮時代に儒教が国教になり、仏教が弾圧され衰退した。当方が訪問した寺の僧侶は私にこう言った。日本の仏教は他力本願で、自力の韓国仏教に比べてレベルが低いと、バカにした。確かにそうだが、韓国の母親たちは観音様に一生懸命、子供の受験成功をお願いしている。庶民はまさに他力だ。実は他力の浄土宗は韓国にはなかったが、明治の日本統治時代に、日本から少し侵入したようだ。

(4) 現代韓国人の宗教

朝鮮は歴史上、古代から清朝末期まで、常に中国と親分子分の関係を続け（冊封国：中国王朝を宗主国とした従属国のこと）、当時世界最高の文化を取入れ、利用してきた。しかし、現代中国で一番人気の道教は取入れてない。これは日本と同じである。また、現代韓国人は日本人と同様、自分たちは儒教徒とは思っていない。山本七平氏の説、「日本人は日本教教徒」と同様、当方の説では本人が気づかないが、韓国人は朱子家礼をベースとした「朝鮮教教徒」である。つまり、日本人と似ているが、日本人より真面目に新儒教（朱子学）つまり中国文化を伝承しているのだ。なお、統計では、30％がクリスチャンで

ある。きっと礼が厳しく、自力の朱子学から逃避したのだろう。

おわりに

　韓国が日本に対する感情に恨（ねたみ）があるのは何故だろう？以下は当方の仮説だが、「朝鮮は中国を永年父親として、尊敬し利用してきて、その文化を朝鮮の弟にあたる日本に与えてきた。そのおかげで日本は発展してきた。日本は朝鮮の弟なのに、態度がデカイ！朝鮮を兄として敬意を払え！」といったところではないだろうか。

11. 中国周辺国家への中国文化の影響
11-3 中国文化の台湾への影響

はじめに

　1974年頃に、仕事で初めて海外出張したのは台湾で、当時は超インフレで、ホテルの宿泊者はフロントで大きな札束をカバンから出して宿泊料を払っていた。また道路には自動車は少なく、ほとんどオートバイで一台のオートバイに2〜3人乗っていた。当時の台湾は現在のベトナムと同じで、経済発展の始まりの時期だった。

歴史

　中国周辺国家の韓国、ベトナムは中国と陸続きで、2000年以上中国文化を取り入れてきたが、台湾は九州と同じ大きさの島国で、中国とは台湾海峡をはさんでいるので、昔は物理的に交流は容易ではなかった。歴史を本で調べても、明代末期1624年にオランダが占拠した以後の歴史しか残っていない。清王朝やそれ以前の王朝は台湾には関心がなかったが、満州人の清朝に反抗した鄭成功が台湾に逃げて東都国を立ち上げた（国姓爺合戦）。その後1683年に、清朝に滅ぼされ、1684年に台湾西部を福建省台湾府とされた。当時は清朝の単なる植民地と同じ状態であった。

　以後の清朝時代に福建省から大量の移民があり、福建人が現在人口の約75％を占める（本省人と呼ぶ）。蒋介石が連れてきた国民党の中国人（外省人と呼ぶ）は約10％で、客家が約13％、原住民は2.4％の比率である。人口は2017.年末に2357万人で人口密度は日本の約2倍もある。

言語

　台湾で使用の文字は繁体字といい、清朝時代の漢字である。例えば台湾の「台」は「臺」と書く。画数が多いので繁体字ではメモを取るのは大変だ。台湾の友人に聞いたら

　台湾人のよく使っている簡体字と言えば、中国の簡体字ではなく、実は日本語の漢字に似ている書き方とのこと。例えば、點=点、發=発。　尚、中国語の簡体字は、點=点、發=发。

　しゃべり言葉は、庶民の大半は福建省人ゆえ、庶民の言語は閩南語（福建

語）であるが、公用語は中国本土と同じ普通語（中国の公用語、北京語）である。学校の授業で使用しているし、テレビ放送も普通語を使用していたが、2000年以後は国民党から民進党に政権が代わり、台湾語（閩南語）を重視し始め、小学校の授業の中に台湾語（閩南人向け）と客家語（客家人向け）の勉強をも導入し始めた。また、テレビチャンネルは台湾語と客家語の専門チャンネルが増え、番組も普通語に並び、台湾語と客家語が普及した。

現在、台湾の公衆交通機関では、案内のアナウンサーが普通語（北京語）、台湾語（閩南語）、客家語と英語の四つが使用されている。当方、中国赴任前（15年前）に、中国語を覚える為にテレサテン（台湾人）のCDを買ったが、中国人にこれは閩南語だからこれを覚えては駄目だと言われた。当時言葉の違いをよく認識していなかった。また先日、台湾人と上海のカラオケにいったら、画面の発音表示（ピンイン）が閩南語の表示だった。つまり、上海のカラオケでも閩南語の表示が出せるのだ。

中国文化伝承

本土中国では、毛沢東時代に「文化大革命」で伝統文化を破壊し、文化人を減らしたが、一方台湾支配者の蒋介石は「中華文化復興運動」（1960～1970年）で「反毛反共」と台湾を「中華文化（儒教思想）」の聖地と位置付けた。発揚儒家伝統文化とし四書（大学・中庸・論語・孟子）を教材にした。元来、台湾人の出身地の福建省は朱子が生活した場所で、いろんな朱子の遺跡が残っている場所故、当然台湾人には新儒教（宋学）が伝承されていると思う。

宗教

原住民以外は全て、中国から来た台湾人は儒教徒と思われるが、儒教には教団がほとんどないので、統計には表れない。統計上は道教と仏教が大半であるが、実は中国本土と同様に、儒道仏はごちゃまぜだ。

8年前に訪問した、道教寺院を紹介すると、台湾省城隍廟は1881年に台北市に土地の守護神として建てられた。省の守護神ゆえ、最高階級の城隍爺が祀られ中央に鎮座している。顔が真っ黒で、長いあごひげと耳のひげがある。役人たちは必ず参拝することになっている。周りには大勢の道教の神様や仏教の観音像が並べてある。

景福宮は1875年に創建された庶民の土地の守り神で、一番階級の低い土地公（福徳正神）が祀られている。80才位の神様で白くて長いひげをはやしている。建設当時は畑の真ん中に建てられたが、今は街のなかである。やはり、宮

の中に仏教の観音様もいる。

　今回改めて訪問時のパンフレットを確認したが、いずれの道教寺院にも、老子や荘子の像はない。つまり老荘思想とは関係のない庶民の道教なのだ。

　孔子廟も訪問したことがあるが、立派な廟だが、中国と同様参拝客がほとんどいない。参拝客の訪問目的を受付に聞いたら、受験の為の祈願だとのこと。学生が大勢いたベトナムとは随分違っていた。

精神構造

　基本的には、福建省人がほとんどゆえ、その精神構造は同じはずだが、李登輝以後、直接選挙の実施や情報や言論が自由なり、隣の中国や協力者の米国および日本を客観的に見ることが出来て、よりグローバルな精神構造であろう。また、伊藤潔教授の本「台湾　四百年の歴史と展望」によると、台湾の経済発展の理由が「肥沃な大地と勤勉な住民」とある。また、日本から受け継いだ「遺産」のインフラ・産業の振興・教育の普及とある。また台湾を統治した後藤新平は台湾人の弱点を三つ上げている。1.死を恐れ高圧威嚇に弱い。2.利益誘導に弱い。3.面子重視、虚名、虚位に篭絡する。

　当方が観察した見方では、勤勉で日本や米国など他国の良いところを積極的に取り入れる性格で、儒教の礼・孝・仁は当然ベースになっていて、自力主義の国だ。また一般の家庭では、小さい子供（6歳以下）の脳成長を促進するため、子供に三字経を暗記させている。三字経内容は儒教の「孝」ゆえ、子供の時から儒教を洗脳している。これは中国の一般家庭と全く同じ文化だ。また、清朝時代の政府は原住民に学校教育を始めた時、漢字の習得の為に三字経を使用した。尚、三字経の内容については詳しくは長谷川和三著：日本僑報社出版「日本人が参考にすべき現代中国文化」を参照いただきたい。

　また精神構造を理解する為に、中国と同様アンケート取って見た。結果は第1表のとおりで、中国と同様「孝」が最優先の儒教国家だ。「信」も二位で同じ。「忠」や「銭」の順位が低いのも同じ。ただ「仁」は中国では3位だが、台湾では順位が低いのは少し違う。

第1表　台湾人が大切にしている徳目のアンケート結果

1位	2位	3位	4位	5位	6位	7位	8位	9位
孝	信	誠、	智	義	仁	礼	忠	銭

注：アンケートの対象は高学歴の平均年齢36歳のサラリーマン9名（女性2名を含む）の平均値の順位。
　　実施日2018年9月実施。

おわりに

　欧米文化の比較を最後に述べると、欧米中東の国は、神との関係が一番重要な一神教の国で、個人主義で自国優先であるが、一方中国は他者との関係が最も重要とする儒教社会で、他国との共生社会が目標で、習近平の方針でもある。彼は公式の場の演説内容は常に他国との共生で、自国優先の米国と真逆である。日本の報道は、中国を覇権国と報道するが、確かに国境問題のトラブルがあるが、習近平の演説を読むと、他国の内政に関与しないで、ともに発展したいと主張し、国連の代わりに後進国を援助している。まさに儒教思想だ。その原因を推察すると、水の豊かな東洋では稲作文化で、米作には共同作業が必須ゆえ共に支えあう共生文化が出来上がったのが歴史で、一方、雨の少ない中東や西洋は牧畜が主体で個人主義の文化となったと解析されている。

　なお、和英辞書3〜4冊で儒教の「仁」や「孝」調べても該当する英語単語が出てこない。辞書を作った人は関心がないのか、又は米英人には「仁」や「孝」の概念が無いのか・・・。とにかく、辞書にないのは個人主義の米英人にとって重要でない概念であることは間違いない。一方、「仁」や「孝」こそ我々東洋人には大切な思想文化と思う。「仁」（他人へのおもいやり）こそ共生思想の原点と思う。

　なお、民主主義はポピュリズムで、庶民のレベルに合致した指導者を選ぶので、ヒットラーやトランプを選ぶことがあり、数年たってから間違ったことに気づくのだ。中国の政治体制はいわゆる民主主義ではないが、過去中国の歴史でも皇帝が素晴らしいと、国民も豊かになり、無能だと国民は不幸になり反乱が発生した。現在の中国の指導者もそれを十分承知しており、日本ではほとんど報道されないが、貧民対策も計画を立て着実に実施し、国民の幸福を最優先している。

　数年後、中国がGDPで米国を抜き世界一になる予想で、今後の日中関係が最重要であるゆえ、中国事情のより正しい情報が必要だ。

12. 空気圧縮機の将来と人生を楽しむ方法

圧縮機の歴史

　空気圧縮機の歴史は、製鉄用の「ふいご」や鉱山用のシリンダピストンが最初とされている。製鉄用を圧縮空気で燃焼すれば高温が得られ、また鉱山用シリンダピストンは小型でも破壊力があり非常に便利である。その後、工場の動力用として普及した。

　現在の工場の圧縮空気の使用量は、実際には動力用の使用が35％ぐらいで、50％はエアブローとして使用され、残りの15％は空気漏れとして消費されている。

空気圧縮機の現状と将来

（1）　動力用圧縮空気

　圧縮空気は設備費がシンプルで安価ゆえ、動力用として、回転動力のエアモータや、直線方向の動力のピストンとして利用され、工場の自動化の重要な設備である。現在は工場の無人化でロボットの動力源となっている。

　しかし、日本は電気代が世界で一番高い国ゆえ、省エネが必要である。動力源として使用される電気、油圧、空圧のエネルギー効率を比較すると、下記となる。

- 電気駆動：85％
- 油圧駆動：40％
- 空圧駆動：20％

　世界で一番省エネに熱心なトヨタでは、すでに「蒸気レス」が進捗し、ボイラをかなり減らし、そして効率の悪い空圧駆動から電気駆動へ変更する「エア

写真1
（出典：SMC WEBカタログ）

レス」を進めている。先日トヨタでこの話を聞いて、空気機器メーカーの需要が無くなるのを心配し、SMCのカタログをインターネットで調べたところ、電動ステップモータが掲載されており、この需要への変化に対応していることを確認した。

　空気圧縮機の需要は今後どうなるのかと心配するが、当方の推測では世界の工場の自動化と無人化の需要は非常に重要で、今後も進むので設備として一番安価で使用し易い空気機器の需要が今後も増加し、そのための空気源である空気圧縮機の世界の需要は今後も伸びると推測する。ただし、日本においては、省エネに熱心な工場では需要が下がる可能性はある。

（2）　エアブロー用空気

　切り粉や水切り等に使用する空気の圧力は、0.1MPa以下でよい。従って、圧縮機でなくブロアーでよいが、切り粉飛ばしのエアブロー等は、間欠ブローの用途が多いのでブロアーは使用できず、0.2～0.4MPaの圧縮空気を使用している。

　間欠ブローの用途にブロアーを使用する方法として、筆者はスマートグリッド・パイピングを提案している（第1図）。

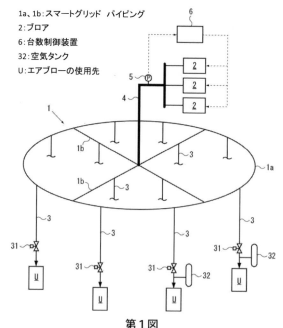

1a、1b: スマートグリッド　パイピング
2: ブロア
6: 台数制御装置
32: 空気タンク
U: エアブローの使用先

第1図
（出典：製造現場の省エネ技術　エアコンプレッサ編）

　上記提案は、間欠ブローの配管を集合化する提案であるが、一対一の方法として クラッチ付きのブロアーを発案し、トヨタと特許を出願している。間欠需要を駆動モータの起動／停止での対応は無理なので、モータを停止せず「クラッチの入り切り」にしたのだ（第2図）。

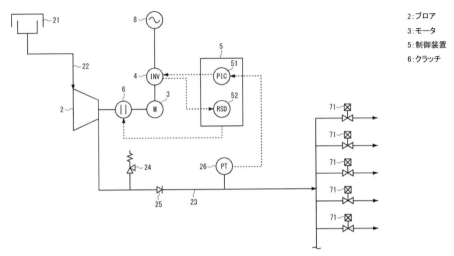

第2図　特願2017-187468「圧縮気体供給システム」

2：ブロア
3：モータ
5：制御装置
6：クラッチ

　以上、エアブロー用は省エネの目的で圧縮空気は、低圧のブロアーの使用を普及させたい。水切り等の連続ブローは、容易にブロアーに変更して省エネを実施できる。

（3）　エア漏れ

　エア漏れは、新しい設備では10％以下だが、5年以上の設備では通常20％ぐらい発生している。漏れ対策の成果を金額で評価するためには、各漏れ箇所の漏れ量を測定しなくてはならない。漏れ量を検出する装置は市場にあり、漏れ量は、音圧、距離、漏れ箇所の圧力の三つの測定データを使用して計算可能である。

　しかし、漏れ量を正確に測定する装置がない。漏れタイプとしては「穴漏れ」と「ネジ漏れ」の二種類に分類できるが、音圧が異なることを発見した。つまり、「ネジ漏れ」はネジを通過す時に音圧が下がり、音圧測定値で穴漏れと同じ計算で、そのまま表示すると、実際の漏れ量より少なく表示されてしまうのだ。当方はネジ漏れ量を補正する方法を特許で出願した。

- 出願番号：特願2020-070740
- 出願日：令和2年4月10日
- 発明の名称：空気漏れ量計測方法及び計測装置

　工場の現場では、「ネジ漏れ」が一番多いと聞いている。ソケットやユニン というネジ継ぎ手が時間ともに緩んでくるのだ。給油式の圧縮機の場合、緩ん だネジから油がにじみ、その油にほこりがついて黒くなってくる。従って、ネ ジ継ぎ手のつなぎ目が黒くなっているのは空気漏れが起きている証拠だ。

　つまりネジ継ぎ手のつなぎ目が黒くなってきたら、ネジがゆるんで空気漏れ が始まったと認識し、空気漏れ対策を実施すべきだ。エア漏れ対策は、費用対 効果が一番良いので、少なくとも2〜3年に一度は実施すべき。

今後の人生の楽しみ方

　「人生の楽しみ方」として、すでに本書「1-3　世界最小の小型ターボ圧縮 機の開発のきっかけ」、「1-4　75KWの超小型ターボ圧縮機の開発成功と高速 モータ使用」で「新機種の開発」、「発明の楽しみ」については「4.　発明の 楽しみ方」、「技術者の考え方」で「創造」について説明したが、本項では、 まだ説明していない「人生の楽しみ方」を説明したい。

　キーワードは「学習」「計画」「発見」「達成」「社会承認」「共生」「貢 献・授与」である。

（1）　学習

　日本語では「勉強」という単語を使用しているが、言葉の意味は「無理に、 強いる」という意味で、学ぶという意味ではない。日本では、単語の意味を間 違えて使用しているのだ。どうも学ぶことが嫌いな子供に勉強しろという意味 で使用し始めたようだ。

　正しくは「学習」、つまり「学びて、習う」である。新しい資料や文献を 読んだり、人から聞いたりして、新しい知識を得ることは楽しいことだ（学 ぶ）。ただ忘れないようにするため、要点をノートに記述しておき、再読して 思い出すのがよい（習う）。

　そうしていると、ある時新しいアイデア「ひらめき」が突然わくのだ。「ひ らめき」はボーっとしていてはわかない。新しい知識の蓄積が必要である。

　以上「学習」は技術者として、必須の項目で、かつ楽しいことだ。

（2）　計画

　仕事において、計画を立て上司に承認を得る手続きは緊張して大変だが、楽

しい。一方、仕事以外の旅行の計画でも旅行実施の時より、旅行前の計画中に興奮して楽しんでいる。友人や恋人に会う日を調整するのも、会う前に楽しんでいるのだ。仕事でも遊びでも、計画を立てるのを楽しみたい。本書「米国と中国の実態」「中国人の精神」項で説明したが、朱子学の「事前に準備しろ」は中庸の第十章である。

(3) 発見

新しく知ることを「発見」としている。新しい知識や事実を知った時、課題の解決策が見つかった時等、こんな楽しいことはない。明日からの人生が変わることもある。また、世の中にない発見は発明で、特許になることもある。

学習や読本、歴史や他人の経験を学んでいると、新しい発見に巡り会うことがある。「なるほど」というめぐり逢いを楽しみにしたい。

しかし、マイナスの発見もないとは言えない。昨日買った株は、今日は大暴落を知った等のように、自分の失敗や勘違いを見つけた時だ。

(4) 達成

課題を一生懸命努力して解決した時の達成感は、これほどの快感はない。当方も、現役時代は開発に成功した時、省エネプロジェクトを完成した時、最近は毎回記事を書き終えて、投稿した時に達成感を味わっている。発明も特許の出願を終了すれば達成感を味わえる。

また、仕事で大きな課題の解決し終了した時、仲間を夕食に誘い、その苦労話を聞いてもらう。そうすると達成感がより増す。

(5) 社会承認

他人に認められたり評価されることを、「社会承認」と学者が名付けている。社会承認を求めることは人間の本能で、この希望が強すぎて認められないとノイローゼになり、解脱するために「悟り」が必要になる。表彰されたり、昇格したりするのも社会承認である。自分の発表した文献が引用されるのも、社会承認で満足できる。自分の周辺の人、妻、子供、友人、仲間を褒めたり、感謝の気持ちの言葉を与えて、相手を「社会承認」することも重要だ。他人に丁寧なあいさつを実施することも必要だ。これを礼儀という。

(6) 貢献、授与、共生

本書「東洋文化 「共生社会」を目指す」に記述したが、他者にものを与えて他者が幸福になるのを見て、自分も幸福になるとう本能がある。曽野綾子氏の著書「老いの僥倖」で、「与えることができれば途方もなく満ち足りる不思議な人間の心理学」と述べている。

共生の文化は東洋人だけか？西洋は？

　実は「利他」「仁」という単語を和英辞書で探しても該当する単語はない。英米文化にはないのだろう。

　当方の認識では東洋は稲作文化のため、田植えや稲刈りの共同作業が必要ゆえ共生文化になったが、牧畜文化の英米人は馬や牛を管理する個人主義になったと思う。そして、トランプはアメリカ・ファーストという方針をかかげ、英国はEUを離脱するのだ。一方、中国は方針として他国との利他や共生を掲げている。

- 「利他」：他人を利する
- 「仁」：他人への思いやり

　以上、日本人である読者には、当たり前のことを説明してしまった。しかしこのキーワードが、人生にとって大切なことだということに気づいていただきたい。このキーワードの中で、自分にとって重要だと思うものをノートなどに記述して、時々再読確認して人生を楽しいものにしていただきたい。

　なお、家族や恋人との「愛」については、当方は心理学の専門家でないのでここでは触れないが、最も重要かもしれない。これも大切にしてほしい。

＜参考文献＞

(1) 長谷川和三：「日本人が参考にすべき現代中国文化」日本僑報社出版
(2) 長谷川和三：「すぐ役に立つ　製造現場の省エネ技術エアコンプレッサ編」日刊工業新聞社
(3) 河合素直：「空気圧駆動システムは生き残れるか？」油圧と空気圧、日本油空圧学会編　（1996.05）

おわりに

　当方は時代の変化に対応して、新しい技術を生み出していく経験を紹介したが、読者の皆さんも現状を観察し、将来に向けての新しい技術に挑戦する楽しみを十分味わって欲しい。

　焦らないで、現状観察し要点をノートに書きだし、着想を待つのだ。そうすると、ある日突然、新し着想が浮かぶのだ。その為には、日常新技術を学ぶことと、楽しむのが必要です。以上が当方の思い込みですが、参考にして楽しく人生を生きて下さい。

　尚、当方は中国文化の研究者で、また圧縮機の省エネ技術者です。中国文化に関心がある方は「日本人が参考にすべき現代中国文化」、圧縮機の省エネに関心がある方は「すぐ役に立つ　製造現場の省エネ技術　エアコンプレッサ編」を参照下さい。

著者紹介

長谷川 和三

所属：Hasegawa Compressor Consulting Office

＜主なる業務歴および資格＞

1945 年：愛知県生まれ
1968 年：名古屋大学工学部機械科卒
1968 年：IHI 入社。汎用ターボ圧縮機国
　　　　産化、以後自力開発実施
1994 年：世界最小のターボ圧縮機の開発
　　　　（日刊工業新聞の 10 大新製品賞
　　　　受賞）（IHI 社長賞一級受賞）
1999 年：ターボ機械協会理事
2004 年：中国現地法人立上（蘇州）、初
　　　　代社長（IHI 寿力圧縮技術公司）
2007 年：日揮プランテック及びグンゼエ
　　　　ンジニヤリングにて省エネ
　　　　ESCO 事業実施
2013 年：三一重機副総経理（上海）勤務
2014 年：UNITED OSD 遠心機総経理
　　　　（上海）勤務
2016 年：日本帰国
2017 年：漢鐘精機（上海）技術顧問
2018 年：ターボ機械協会永年会員
　　　　LeakLab Japan（大阪）技術顧問

● エネルギー管理士（熱）
● 公害防止管理者(大気,水質,騒音,振動)

● 日本ターボ機械協会「Turbo Doctor」
　資格認定。
● 国内特許 120 件以上。海外特許多数。
　IHI 社内の発明賞多数。東京都発明賞
　受賞。社内実績賞多数。

＜出版実績＞

● ㈱日刊工業新聞社「製造現場の省エネ
　技術：エアコンプレッサ編」、日本僑報
　社「日本人が参考にすべき現代中国文
　化」
● ㈱日刊工業新聞社、月刊誌「機械設計」
　に「中国文化入門」を 3 年間連載。
　2019 年 1 月 連載終了。
● 日本工業出版㈱月刊誌「クリーンテク
　ノロジー」2016 年 8 月号に「エアコ
　ンプレッサ及び圧縮エアーの省エネの
　考え方」等、省エネ及び開発記事多数
　執筆。
● 日本工業出版㈱月刊誌「油空圧技術」
　に「日本製造業の未来の為に、機械設
　計の楽しい人生」を連載。
　2019 年 12 月～ 2021 年 7 月号へ計
　19 回掲載。

技術者が参考にすべき

機 械 設 計 者 の 楽 し い 人 生

令和 3 年 11 月 30 日発行　初版第 1 刷発行

定　価　1,650 円（本体 1,500 円＋税 10%）《検印省略》

著　　者　長谷川　和三

発行人　小林　大作

発行所　日本工業出版株式会社

　　　　https://www.nikko-pb.co.jp　e-mail:info@nikko-pb.co.jp

　　　本　　　　社　〒113-8610　東京都文京区本駒込 6-3-26
　　　　　　　　　　TEL：03-3944-1181　FAX：03-3944-6826
　　　大 阪 営 業 所　〒541-0046　大阪市中央区平野町 1-6-8
　　　　　　　　　　TEL：06-6202-8218　FAX：06-6202-8287
　　　振　　　　替　00110-6-14874

■乱丁本はお取替えいたします。

ISBN978-4-8190-3315-2　　C3053　　¥1500E